厨艺之钥（下）

酱料 面食 豆谷 甜点

[美] 哈洛德·马基 著
滕耀瑶 译

江苏凤凰文艺出版社
JIANGSU PHOENIX LITERATURE AND
ART PUBLISHING, LTD

Contents
目录

第一章 酱料、高汤与汤品 13

酱料能够赋予食物鲜明的风味以及流连不去的湿润感。能够带来一种流动性的愉悦。

第三章 豆类：豆子、豌豆、小扁豆和大豆制品 69

豆子能当做主食，也适合作为配菜。

第四章 坚果与含油种子 81

坚果是含有大量油脂的种子，能为我们提供重要的基础风味。

第五章　面包　　91

坚硬的谷物化为柔软的面团，再形成外表香脆、内部柔软的面包。

第六章 酥皮与派 117

这是谷物、水和空气所结合成的焦香风味和干酥的愉快感受。

第七章 蛋糕、马芬和小甜饼 139

酥皮的难度在于食材是否用得节制，蛋糕的挑战则是如何挥霍。

第八章 煎饼、可丽饼、鸡蛋泡泡芙与炸面糊

167

面糊的基本原料很简单，但加热方式和所用膨发剂不同，便可使风味与质地产生很大差异。

第九章 冰淇淋、冰品、慕斯与明胶冻 179

冰凉与冰冻的点心在口中融化的感受，是对于甜美滋味的典型描述。

成就巧克力光亮、爽脆、甘美的特质，主要在于巧克力的魔力：可可脂。

第一章

CHAPTER 1

SAUCES, STOCKS, AND SOUPS

酱料、高汤与汤品

酱料能够赋予食物鲜明的风味以及流连不去的湿润感。 能够带来一种流动性的愉悦。

酱料是一种流动性的愉悦。酱料、沙拉酱和蘸酱都能为清淡的基本食物（肉类、鱼类、谷物和豆类）赋予鲜明的风味以及流连不去的湿润感，并让这些食物更加可口。汤是富含风味的液体，通常没有酱料那么浓稠，口味也淡一些，本身就可以当成一道菜。高汤是用水把肉类、鱼类或者蔬菜的精华萃取而出所制成，能用来作为酱料或者汤的基底。

现在你几乎可以买到各种现成的酱料，不论是意大利、中国、墨西哥还是印度等异国风味的菜肴，几乎都可以立即完成。不过，有许多酱料只需几分钟就可以完成，还有些酱料的做法就复杂一些，但也没有传言中那么困难或费时。自制酱料比较新鲜，因此比买来的现成品要好吃得多，而且你可以针对自己的喜好，自行研发新口味。我的女儿在12岁的时候就负起制作家中美乃滋的大任，这样她就可以把美乃滋做成带有蒜味的蒜泥蛋黄酱，而且她做得很开心，乐于端上餐桌服务全家人。

酱料的确得花费心力与时间才能做好。我不常熬煮小牛或者牛肉高汤，然而每当我煮的时候都会觉得惊奇，因为我能够把这么一锅肉屑、骨头和水，慢慢调制成金黄、澄澈而浓郁的高汤，里面有着细致的肉类精华。也或许因为我有一部分印度血统，我喜欢以风味对比的食材来制作酱料：集结了十多种蔬菜、香料、香草和核果，压碎、烘烤并熬煮之后，把风味融合成亚洲咖喱或者是墨西哥什锦酱。一般烹饪书便可提供无数种调制酱料的食谱，而本章要介绍的，是最常使用的酱料，从最简单的沙拉酱和蘸酱，到经典法国料理会用到的基础高汤酱料。至于巧克力酱和焦糖酱，请见第十章与第十一章。

SAUCE AND SOUP SAFETY
酱料与汤品的安全

许多酱料与汤都是适合细菌与霉菌生长的环境。肉类和鱼类高汤的环境，非常接近实验室中培养细菌的培养基！这两者都非常容易腐败。如果没有好好处理，会引起食源性疾病。

尽量减少细菌在其中生长的机会，包括处理和端出酱料和汤品时。

双手、器皿和食材都得彻底清洗干净，尤其如果处理的是生的蘸酱和沙拉酱，更要格外留心。

在制作美乃滋时，为了避免遭受到沙门氏菌的污染（虽然机会不高），最好采用高温消毒过的鸡蛋，而非一般生鸡蛋。

酱料、蘸酱、汤品在室温下放置的时间不要超过四小时，如果要延长在餐桌上取用的时间，要让热酱料与汤品温度维持在55℃以上。蘸酱则要放置在冰块上方，或保留一部分在冰箱中稍后再端上。至于油醋酱料中的醋可以抑制微生物的生长，因此可以安全地保存在室温下。

隔餐的酱料和汤要重新加热到73℃以上。如果加热会使酱料油水分离，那么用分离后的酱料重新制成新的酱料，不然就丢掉。鸡蛋和奶油做出的酱料不适合重新加热。

每隔几天就把冷藏的肉类或鱼类高汤重新煮滚，这种高汤就算是放在冰箱里也很容易坏。若要延长保存期限，最好冷冻。

SHOPPING FOR PREPARED SAUCES AND SOUPS
购买现成的酱料与汤

现成的酱料、蘸酱、高汤和汤有各种不同的变化与形式，有的是新鲜的，有的则经过杀菌，保存期限非常长。

肉类高汤也称法式高汤，通常要花几个小时才能煮好，因此现成的制品特别好用。这类高汤通常是罐装，也有浓缩成胶状（称为肉汤釉汁或半釉汁）或黏稠深色的糖浆状（肉类萃取物），还有完全脱水而制成粉末状的（法式高汤粒或汤块）。这类产品质量的好坏差距很大。

购买时检查标签，成分中的食材最好大多来自可辨认的食物。许多制造商会用特殊的工业化食材来取代复杂又昂贵的肉类、蔬菜和香草。这些天然食物的仿制品，通常没有那么好。

为这类现成的产品提高风味，通常只要添加一些新鲜食材，例如香草、优质橄榄油或醋。

STORING SAUCES AND SOUPS
保存酱料与汤

大部分的酱料、蘸酱和汤都很容易败坏，油醋酱例外，但是油醋酱的风味也会随着时间而变质。

如果酱料、蘸酱和汤品的原料中含有任何形式的高汤、蔬果泥、乳制品或鸡蛋，那么都需要冷藏或冷冻才能保存。

若有大量的高汤或汤品需要冷藏，可以先放在冰块上冷却或分成小份，这样就可以快速冷却了。

酱料、蘸酱和汤若要存放好几天，那么就得冷冻，可用保鲜膜紧贴着液体表面，以减少冷冻而造成的风味流失。

酱料如果有使用奶油或鸡蛋来增稠，一经冷藏或冷冻便可能油水分离。你可以先把油与水的部分分开，然后用一颗新鲜的蛋黄重新混合油与水，或取出原先的液体部分重新制作酱料。

THE ESSENTIALS OF COOKING SAUCES: FLAVOR
酱料制作要点：风味

酱料能够提供风味，包括舌头感觉到的味道以及鼻子感受到的香气。香气有好几千种，但是味道只有几种：咸味、酸味、甜味、苦味和辣味。味道是风味的基础，香气则是风味的上层结构。

要确定酱料在味道上是扎实而平衡的，特别是咸味与酸味的平衡。许多厨师常会忽略酸味。若要快速增加酸味，可以使用柠檬酸或酸味盐。

盐不只能提供咸味，还能使香气增强，即使在甜的酱料中亦然。盐还能遮盖苦味。制作酱料时要使用磨细的盐，这样盐才能迅速溶解，这在制作美乃滋这类乳化的酱料时尤其重要。

酱料的风味要够强烈。酱料一向是搭配口味比较清淡的食物，因此风味要足够，搭配起来才好吃。

制作酱料试吃时要严格，并仔细调整风味，使之强烈而平衡。试吃时要让酱料散布到整个口腔，而不是只用舌尖尝一尝。酱料的风味应该要饱满，而且让你满口生津。

让别人来尝尝酱料的调味。每个人味觉和嗅觉系统的组合都不同，对于食物的感受也不同。找出你自己对于哪种味道特别敏锐或迟钝，然后再根据这样的味觉来调味。

不要把酱料调的太黏稠。淀粉、蛋白质、脂肪和其他会增稠的食材，会让风味无法发挥出来。记得，酱料一旦上桌且放凉之后会变得更加黏稠。

THE ESSENTIALS OFCOOKING SAUCES: CONSISTENCY
酱料制作要点：黏稠度

酱料黏稠度的诱人之处，在于酱料在食物上流动的样子，以及入口之后的口感。大部分的酱料都比水黏稠，所以能够附着于食物，并在口中带来回味无穷的愉快感受。

有些食物本身就是黏稠的液体，可谓天然的酱料，例如蔬果泥、油、蛋黄、鲜奶油、酸奶油、法师鲜奶油、酸奶以及奶油等。

为稀薄而风味浓郁的液体增稠，我们可以添加一些让液体不易流动的食材。

能为酱料增稠的主要食材是面粉和各种淀粉，鸡蛋、肉类、贝类和乳制品中的蛋白质以及脂肪与油。油脂经搅打后会变成十分细小的油滴（这个过程称之为乳化），能阻止水在酱料中的流动。

调整热酱料的黏稠度时，记得要调得比食用时的黏稠度稍稀，因为酱料在冷却时会变得更黏稠。所以如果调得太浓稠，食用时就会黏附在盘子上。

制作酱料的失败原因，通常是因为油水分离，或一开始就没有增稠。此时酱料会呈现油和水混合不均的状态，甚或掺杂着团块。

如果要避免淀粉结块，绝对不要把干的面粉或淀粉直接混入热的酱料。这些粉状食材要先和冷水或冷的油脂混合，然后再把这些泥浆般的混合物倒入酱料。

如果要避免蛋白质结块，只要黏稠度出来就要停止加热，因为蛋白质是对温度敏感的增稠物，再继续加热就会结块。处理蛋黄或其他类似食材时，可以先加入少许中温酱料，把蛋黄打散，然后加热，最后才把酱料和增稠物混合在一起，慢慢加热直到黏稠度出来。

如果要避免油水分离，要慢慢加水搅打酱料。水的分量得足够，好让油脂有足够的空间形成小油滴。酱料保持一定的温度，好让油脂维持液状。

如果要挽救已经油水分离的酱料，可以用细筛子过滤其中的结块，或用果汁机稍微打一下。也可以过滤乳化的酱料，撇除分离出来的油或脂肪，然后重新乳化一次。

FLAVORED OILS
调味油

调味油的用途广泛，能迅速为菜肴增添香气与丰润口感，通常是在最后才添加。做法可以非常简单：将各种香草、香料、柑橘皮等芳香食材浸入油中，之后再把油滤出就大功告成了。

生的食物浸泡在油脂中，容易滋生肉毒杆菌。肉毒杆菌在土壤中很常见，因此也可能出现在农产品表面，一旦处于与空气隔绝的环境就会开始生长。肉毒杆菌会引起非常严重的症状，有时甚至会死亡。

在调味食材中加入盐或柠檬酸会使食材出水，进而抑制细菌的生长。干燥的香料和柑橘皮所含的水分太少，不足以让微生物生长。

调味油在浸泡与储存时，得存放于冰箱，而不是室温下，低温会限制细菌的生长，同时也能减缓油变味的速度。

调味油在一两周内就要用完。

DIPS
蘸酱

蘸酱是食物入口前所沾的酱料，有美乃滋、酸奶油酱、牛油果沙拉酱、莎莎酱、豆泥和坚果酱，以及以酱油或鱼露为基底快速制成的蘸酱。

制作与端上蘸酱时，要尽量避免细菌滋生，以免引起疾病。

不要使蘸酱在室温下放置超过四小时，如果超过四小时那么就把蘸酱分成两三份，事先放在冰箱中，每次只端出一份，必要时再更换。

不提倡食物咬过之后再次去蘸酱料，这会使一个人口中的微生物透过蘸酱传给其他人。蘸酱也可以放置在一口就能吃下的洋芋片或蔬菜片上。

SALAD DRESSINGS AND VINAIGRETTES
沙拉酱和油醋酱

沙拉酱大多结合了油脂的丰富口感，以及醋或柑橘果汁还有白脱牛奶或酸奶油的刺激感。最简单的沙拉酱就是把油、醋、盐和香草混合起来，并让小醋滴悬浮在油中。以美乃滋或鲜奶油为基底的沙拉酱，则是让小油滴悬浮在水基溶液之中。

和新鲜的沙拉酱比起来，市售的沙拉酱通常是加入三仙胶来增稠，而较少用油。

在上菜之前才淋上沙拉酱，因为沙拉酱会使绿色蔬菜凋萎。

如果要让生菜沙拉的翠绿状态维持更久，就选用水基的奶油酱或美乃滋，因为油醋酱会使菜叶的颜色更快变黑。

煮酱是一种不含油的酱料，能够搭配凉拌菜系和其他生菜沙拉。这种酱料是把醋稀释调味之后，加入面粉和鸡蛋增稠所制成的。

制作煮酱时，要用文火缓缓加热食材，一旦酱料变得浓稠就熄火，以免酱料过稠而结块。

油醋酱以油和醋制成，通常会加入香草来增添风味，用途广泛，是最简单的沙拉酱。意大利的青酱、加勒比海地区的酱料（mojo）以及阿根廷的香料辣酱（chimichurri），都是用来搭配肉类的油醋酱。

依照自己的口味调整油醋酱中油和醋的比例。传统上油和醋的比例是1:3，但是许多现代的食谱中比例则接近1:2。如此一来，风味的平衡是由醋的酸度来决定的，而醋酸在醋中的比例从4%~8%都有。你可以试试各种不同的食材组合：坚果油、动物脂肪、不常见的醋，或酸的果汁。

油醋酱有不同的制作方式，不过都会把醋打散成为悬浮在油中的小醋滴。你可以慢慢把醋打进油里，或把油打进醋里；也可以在密封容器中装入油和醋之后，用力摇动；还可以用果汁机搅拌。

简单的油醋酱可以在淋上沙拉之前制作。

搅拌好的油醋酱会在几分钟之内就分成油和醋两部分，你也可以直接把油和醋洒在食物上，然后直接搅拌食物，让油醋混合在一起。

如果要制作比较稳定的油醋酱，可以在酱中加入压碎的香草或芥末（粉末或现成的都可以），这些食材会包裹着小醋滴，减缓醋滴重新聚集的速度。也可以用果汁机把油醋酱打散，如此醋会打成非常小的醋滴，减缓重新聚集的速度。

MAYONNAISE
美乃滋

美乃滋是油和醋组成的酱，但是很浓稠，可以直接抹在面包上。它主要的食材是少量的水（通常是稀释柠檬汁），里面挤满了成千上万个小油滴。最重要的食材是蛋黄，在我们打出小油滴时，蛋黄中的蛋白质和乳化剂会包裹在小油滴表面，阻止油滴重新聚在一起。

和油醋酱一样，美乃滋也可以用不同的油、脂肪、酸性液体和香料制成。广受欢迎的蒜泥蛋黄酱就是加了大蒜的美乃滋。美乃滋可以用手持搅拌器打成，也可以用果汁机或食物处理机搅打。

生蛋黄中含有沙门氏菌的几率很低，但是为了消除这个风险，你可以采用高温杀菌的鸡蛋，或自己消毒的蛋黄。把蛋黄放在小碗中，每个蛋黄加上15毫升的柠檬汁和水，然后整个碗放入微波炉，用高功率加热到将近沸腾。之后取出碗来，用干净的叉子迅速搅动，再放回去加热，然后再拿出来用干净的叉子搅动，直到温度降成微温为止。之后就可以拌入油，制成酱料。

不用担心蛋黄和油的比例，光是一个蛋黄就足以包裹许多杯油所产生的油滴。

不过要注意液体与油的比例。当你把油混入鸡蛋时，一旦觉得酱料变得太黏稠（这表示油滴太多太挤了，液体不够），就加入5毫升的柠檬汁或水。

用橄榄油来做美乃滋时要小心，这种美乃滋在几个小时之后就会油水分离，原因是非精制橄榄油中所含的杂质，会慢慢地把让小油滴稳定的包膜推开。如果要制作比较稳定的美乃滋，可用精制的蔬菜油当原料，要上桌之前再加入橄榄油，就会有橄榄油的风味了。

制作美乃滋一开始时要慢慢来，好确定油滴分散进入蛋黄中，而不是蛋黄分散进入油之中。在碗中放入蛋黄，加入盐和5~10毫升的水之后充分混合，接着每次加几滴油进去，继续搅拌到看不到油为止，再加几滴油继续搅拌，如此反复直到整个混合物变得结实。之后再加几滴柠檬汁或水将混合物稀释，继续搅拌，此时就可以加比较大量的油，好让酱料的体积增加。

倘若你加入油之后，酱料变得稀薄，可能是油水分离了。停止加油并把水和油滴到酱料表面。如果油很快就溶了而水却没有，那么就是油水分离了。这时加入一个新鲜蛋黄，慢慢地把油水分离的酱料打入蛋黄。

如果你用搅拌机或食物处理机，注意不要搅拌过头，这会使得酱料变热而油水分离。最后的油加入之后就立即关掉马达。用机器调理的美乃滋食谱通常都会要你加入蛋清和芥末，以提供更多包裹油滴的材料。

要挽救油水分离的美乃滋，加入一个新鲜蛋清，然后小心地把分离的酱料加入蛋黄。

FRESH SALSAS, PESTOS, AND PUREES
新鲜莎莎酱、青酱与蔬菜泥

许多广受欢迎的酱料，只是把固态的蔬菜和水果组织弄碎，然后把碎片和蔬果的汁液混合在一起。如果这些固态组织只是粗略的剁切，通常叫莎莎酱（salsa），把香草切得很碎叫做青酱（pesto），如果再切得粉碎细滑则称为蔬菜泥（puree）。

用不同的工具把食物打碎，会造成不同的质地与风味。打碎得越彻底，酱料的质地就越细致，酱料的风味也就越容易受到食材中酶以及空气对于食材的影响。

为了保留青酱或其他新鲜香草酱料中的新鲜食材风味，制作时以刀子或杵臼把食材弄碎，而不要用果汁机，如此才能让植物的细胞组织保持完整。

用番茄制作莎莎酱或其他酱料时，把番茄的籽也纳入，倘若要滤出籽，记得要把籽周围的胶状组织保留下来加到酱料中，因为这些是番茄中最具风味的部分。

洋葱和大蒜用大量的清水冲洗，以去除切面产生的刺激风味。

没有煮过的莎莎酱、青酱与蔬果泥的风味与浓稠度，比起煮过的酱料都较不易维持。要上菜之前才制作这些新鲜的酱料。一旦植物组织受到破坏，氧气和不受控制的酶便会开始改变食物的风味，颜色也会开始变黑。

如果你事先做好了新鲜酱料，可放入冰箱冷藏，并用蜡纸紧贴着酱料表面。一般的保鲜膜还是会让空气进入，阻绝空气的效果较差。如果酱料变了色，把变色的表面刮去之后再上桌。

若要避免新鲜的蔬果泥渗水，可以加一点三仙胶（一种常用在不含麸质烘焙食物的食材）。把三仙胶粉末轻轻撒在蔬果泥上，三仙胶会吸收水分，在表面形成类似果冻的物质，然后再使劲把这些果冻搅进酱料之中。

COOKED PUREES, APPLE SAUCE AND TOMATO SAUCE, AND CURRIES AND MOLES

烹煮过的蔬果泥、苹果泥和番茄酱，以及咖哩酱与墨西哥什锦酱

烹煮过的蔬果泥通常是把食材加热之后才打成泥，或在打成泥的过程中加热。热可以让结实的水果和蔬菜变软，让其中的汁液释放出来，产生香味，并且使水分蒸发让蔬果泥更浓稠。

制作以胡萝卜、花椰菜、甜椒和其他实心蔬菜的蔬果泥:

· 把洗好的蔬菜煮到软，沸煮、蒸煮或用微波炉煮，是速度快而且最不容易改变食材风味的加热方式。以奶油或油慢炒出汁，可以增加风味与口感；用烤箱烘烤则会添加褐变的焦香味。

· 把蔬菜打成泥，必要的时候过滤，比起用食物处理机或食物碾磨器、果汁机打出来的泥会更滑顺。

· 用果汁机搅拌热的液体时要小心，避免热液体突然喷出而烫伤。每次只打一点，而且食材的高度不要超过果汁机瓶身的一半，盖子留些空隙让蒸汽能冒出来，并在开始前先快速打一下再正式启动。

· 如果要让酱料变得更浓，可以慢慢加热。使用平底锅，让水分蒸发的面积加大.同时要常常搅拌与刮铲底部以免锅子底部烧焦。

苹果和番茄在煮熟以后，可以软烂到直接成为果泥。

用软的苹果或西红柿制作果泥:

· 烹煮时不要去皮去籽，果皮和种子能够提供大量的风味。

· 切块以便加速烹煮的速度，而且也容易搅动。

· 番茄要用广口的锅子来煮，让水分蒸发的面积加大。

· 锅子中加少许水，加热时要小心以免锅底烧焦。水滚时盖上锅盖火转小，把食物煮软到能够压扁的程度。把苹果粗略压成块，然后继续用小火煮到软烂。

· 再把果泥放入食物碾磨器过筛，让果皮和种子分离。

· 番茄要不断烹煮，除去过多的水分。

· 经常搅动，以免西红柿都停留在同一个地方，这样锅底才不会烧焦，整锅番茄也才会煮得均匀。你也可以把整锅番茄放到中温的烤箱中，然后不时搅动。

· 如果要缩短或免除烹煮的时间，可以把番茄切片先在中温的烤箱中烤干一些。

印度和泰国的咖哩酱与墨西哥的什锦酱，风味繁复，主要是把蔬果煮成软烂潮湿的泥状物之后，再以当地特有的油来油煎。

一般咖哩的食材包括洋葱、新鲜香草与香料，还有新鲜的椰子。墨西哥什锦酱的食材则有泡过水的辣椒干。

为了让咖喱酱与墨西哥什锦酱的风味充分发挥出来，这些酱料要小心煮去水分，直到油水分离并且浮一层油在酱料上面。之后继续以中火烹煮，并且持续搅动，直到酱料颜色变深且尝起来滋味丰富饱满为止。

这类酱料要在户外的烤架或炉子上制作，如此，这些辛辣的气味和喷溅物才不会阻碍风味的发展。

CREAM AND MILK SAUCES
鲜奶油和牛奶酱

鲜奶油本身就是一种酱，这是因为里面含有许多油脂小滴，有着丰富风味与结实的口感。把大量奶油加入蔬菜泥或以淀粉增稠的液体，就成了奶油酱。

许多酱料在最后加入少许奶油，风味就会变得更美味。新鲜鲜奶油、以酸来增稠的酱料、酸奶油和法式鲜奶油，都能与许多咸或甜的调味料级食物搭配。

鲜奶油在酱料中加热时有可能凝结成块，里面的油脂也有可能会渗出来。

如果为了避免结块，使用高脂鲜奶油（油脂含量38%~40%），或避免让鲜奶油接触到高温，在酱料即将完成，已经烹煮完毕之时，最后才加入酸奶油或其他的低脂奶油。

如果要避免油水分离和油腻感，可以使用非常新鲜的鲜奶油、均质化鲜奶油或法式鲜奶油。如果盒子里有脂肪块浮着，那使用剩下的液体就好：脂肪块用起来跟奶油差不多。

牛奶很稀，无法直接当成酱料，但是可以加入淀粉，制成白酱（牛奶本身主要用来提供水分），还能让焗烤之类的菜肴产生焦香的表面。白酱也可以拿来作为舒芙蕾和可乐饼的食材，用来作为食材时，白酱的脂含量比鲜奶油少，口感则更滑润。

白酱的制作方法：

把面粉加到奶油中文火慢煮，直到不再冒泡且产生香气，然后慢慢把牛奶放入锅里，小火熬煮15分钟。煮的时间越久，酱料会越稀薄、质地越细致。

CHEESE SAUCES AND FONDUE
乳酪酱和乳酪锅

乳酪酱是把乳酪融化，将固态乳酪打入热液体所制成。由于乳酪中含有大量蛋白质与脂肪，做出来的酱料风味丰富、质地丰厚，但是也因为这样子而变黏、结块和渗油。

制作乳酪酱或乳酪汤品时，用刮擦而下的干乳酪或湿的乳酪，这样的乳酪比起切达干酪和瑞士乳酪容易在水中散开。

避免乳酪在酱汁与汤品中结块与渗油的方法：

把乳酪削细。

把细乳酪加入高温但是未达沸腾的液体中。

尽量少搅拌，以免蛋白质产生黏性。

加入一些面粉或淀粉，以免蛋白质结块或渗油。

乳酪锅是一种以乳酪为基底，加入葡萄酒及其他液体稀释的酱料，食用时以小火加热，让乳酪融化并且保持温度。乳酪火锅可能会变得很黏而牵丝或太稠。

记得要加入酸的白酒或柠檬汁，酸性能阻止黏性形成，也要加一些面粉和淀粉。

如果乳酪锅因为失去水分而变稠，可以加一些白酒来调节。

BUTTER SAUCES
奶油酱

奶油能制成浓郁而风味十足的抹酱或酱料，或加入其他食材制成调和奶油或发泡奶油，也可以加入蛋黄来乳化。

温度对于奶油酱的质地影响很大。在冷藏的温度下，奶油硬到足以擦破面包和饼干；室温下则软到足以涂抹开来；一旦到达体温以上，就变成液体。液态奶油酱如果没有保持温度，就会凝结然后碎裂。

若要避免奶油酱很快就凝固，要预热盘子，并且趁热上桌。

奶油白酱是以奶油滴乳化葡萄酒与醋（柠檬汁）的混合液。脂奶油白酱就相当于以酸味鲜奶油搭配双倍奶油的高脂鲜奶油。

制作奶油白酱时，一开始去取少量的液体食材，在低温之下加热，然后加入奶油块，持续搅动，让奶油块慢慢融化。

无需担心奶油的比例问题，因为奶油本身有足够的水分能让奶油的脂肪小滴彼此分开，所以可以一直加奶油块。制作好的奶油白酱要维持在45~50℃的温度，加上盖子，或隔一阵子加一匙水或鲜奶油，以补充蒸发掉的水分。

乳化奶油（beurre monte）是没有酸味的奶油白酱，是以双倍奶油的高脂鲜奶所制作出的即食鲜奶油，做法和奶油白酱一样，只是一开始用的是水。

乳化奶油可以用来代替奶油，以中温烹煮细致的食物或淋在煮好的蔬菜上。它具有奶油的风味，又拥有鲜奶油的浓稠度，而且不会有油腻感。

荷兰酱（hollandaise）、蛋黄酱（bearnaise）等其他类似的酱料，都是将奶油滴在水中乳化而成，不过水基溶液的部分要先用蛋黄的蛋白质来增稠。这类酱料制作的困难之处在于需要小心加热，要能刚好使得蛋白质变得浓稠但是又不至于凝固。

荷兰酱或蛋黄酱的做法：

· 加热蛋黄基底至其开始变得浓稠，根据食谱的不同，温度约在50~60℃之间。

· 倘若食谱指示要在加入无水奶油之前先加热蛋黄，就得特别留意。因为蛋黄很容易凝结，所以不可以直接加热（只能用小火隔水加热），或用非常微弱的文火直接加热，并且不时把煎锅移开再放回，以免加热过头。

· 有种简单并且万无一失的制作方式：先把有风味的液体煮好，然后把这些液体和其他食材都放到一个冷锅子中，冷的奶油要切成小块。把锅子放在小火上然后开始搅拌。当奶油融化的时候，整锅液体会变得稀薄。持续加热并搅拌，直到酱料变成你要的浓稠度为止。

制作好的蛋黄奶油酱要维持在45~50℃的温度下以保持稳定，盖上盖子，或隔一阵子加一匙水或鲜奶油，以补充蒸发掉的水分。

如果蛋黄奶油酱凝固了，可以把固体的蛋白质颗粒滤掉，然后在低温下慢慢打入一颗新鲜蛋黄。或把酱料放到预热好的果汁机中加入少量温水或蛋黄，稍微搅拌一下，过滤后以温的碗盛装。

EGG-YOLK SAUCES: ZABAGLIONE AND SABAYONS

以蛋黄为基底的酱料：萨巴里安尼与沙巴雍

蛋黄本身就具有酱料中乳脂般的稠度，在某些日本料理中，蛋黄甚至直接拿来当做蘸酱使用。

萨巴里安尼与沙巴雍是泡沫状的浓郁酱料，做法是一面将空气打入蛋黄与风味液体的混料中，并一面在这过程中加热。

萨巴里安尼与甜的沙巴雍酱中，含有糖、甜酒或果汁。咸的沙巴雍酱则含有肉类或鱼类高汤。

在边打发混料边加热时，要非常小心。即使是在远低于沸腾温度的情况下（依照食谱的不同，最低可能只有60℃），蛋黄里的蛋白质就可能开始凝结，让混料变得浓稠而开始膨胀。

为了避免锅底产生凝结物，混合物得放在中温的热水浴中加热，不要直接用滚水或炉火加热。

若要制作出具有流动性的酱料，就要持续搅拌、加热，直到混料的浓稠度和高脂鲜奶油类似为止。不过可流动的沙巴雍酱中，泡沫会持续减少，因此最好立即上菜。

要制作最稳定的蛋黄泡沫，就要持续搅拌加热到混料的浓稠度足以在锅底成形为止。

蛋黄泡沫酱料放置了一阵子便会渗出液体，你可以轻轻地把这些液体重新打入酱料，但注意不要毁了泡沫，也可以直接把液体上的泡沫舀出使用。

PAN SAUCES
焦香酱料

焦香酱料是肉类或鱼类在煎炸或烘烤完成之后，取出固体食材直接以锅中剩余物为基础制成的，包括食物释出的汁液和黏附在锅底的焦香物质。加入液体溶解锅底这些焦香物质，就成了风味十足的褐色液体。这些稀薄的焦香液体可以直接当成酱料，也可以加入脂肪或含有明胶的高汤来增稠。

制作焦香酱料的方式：

· 将锅子中的汁液和油脂倒出来静置，待油脂浮在汁液上方之后，把油脂捞出。

· 如果要用面粉或其他淀粉来增稠，将之放入锅中，与残余的油脂一起加热到发散出烘烤的香味。如果要让酱料的颜色与风味加深，可以把面粉加热到呈现褐色。

· 把葡萄酒、啤酒、高汤或水，以及之前滤除油脂的汁液倒入锅中，再把锅中褐变的固体残余物融掉。葡萄酒会带来酸味与甘味，高汤则会带来甘味，其中的明胶也会让酱汁变得浓厚。如果这些口感与风味需要加强，就持续加入煮液，待沸腾后把水蒸发掉。

· 借由不断沸煮来调整酱料的分量与浓稠度，或加入其他食材，让酱料的分量增加，或更为浓稠与浓郁。

· 如果加入奶油或鲜奶油，可让焦香酱料的口感变得更加浓郁与浓稠。把锅子从炉子上移出放凉，然后放入奶油块搅拌，就成为焦香版本的奶油白酱，也可以改加入酸奶油。如果是以焦香酱料来制作高脂鲜奶油和法式鲜奶油，那么即便是加热到沸点也不会发生油水分离的现象。

· 制作焦香酱料时，要在所有食材都加入之后才加盐。

如果以奶油来增稠，那么酱料就要保持温度，以免凝固而导致油水分离。

GRAVIES AND STARCH-THICKENED SAUCES
肉汁与加入淀粉增稠的酱料

肉汁酱是以淀粉类食材而非奶油或鲜奶油来增稠的焦香酱料，淀粉类食材可以是纯淀粉或者是面粉。

许多其他种类的酱料（包括传统上以肉类高汤作为基底的酱料），也都是用淀粉来增稠的。

淀粉颗粒在液体中加热时，会吸收水分而膨胀，释放出长而连结的淀粉分子，这会使得液体变得浓稠。

不同淀粉制作出来的酱料特性也不同。面粉做出来的酱料浑浊，精制过的玉米、竹芋等其他植物的淀粉做出来的就比较澄清。至于马铃薯和木薯粉或淀粉做出来的酱料，则会略带黏性。

不同淀粉增稠强度也不同。比起小麦面粉和玉米淀粉，根茎类食物（马铃薯、竹芋、木薯）的淀粉和粉末在较低温时，就可以让酱料变得浓稠，而且风味温和，很适合在最后的时候加入增稠。不过做出来的酱料若经重新加热或冷冻，稠度则降低。

若想取代面粉或淀粉，三份的面粉或马铃薯粉，可置换成两份纯淀粉和一份马铃薯或木薯淀粉。

干面粉和淀粉绝对不可以直接加入热的酱料中，这些增稠物会结块，而且几乎不可能均匀地分散开来。这类食材要先和油脂、温的酱料或清水混合，好让颗粒分散开来。

若要面粉产生诱人的风味，加入酱料之前，可以先在烤箱中以中温加热成金黄色，或和油脂一起加热制成奶油面糊（roux）。

奶油面糊的制作方式：在炉火上加热面粉或淀粉，同时加入相同分量的奶油、油或烘烤后剩下的脂肪，直到出现想要的风味与颜色为止，可以是风味细致的浅黄色，或气味浓厚的深褐色。深色奶油面粉可能会有些苦味，增稠能力也只有淡色的一半。

奶油面糊直接加入酱料搅拌就可以增加浓稠度，不需要先和少部分酱料混合。

如果要快速或在最后一刻调整酱料稠度，可以加入奶油面团（beurre manie）或淀粉浆。也可以使用现成的速溶面粉，这种面粉中的淀粉已经煮过，能够快速增稠。

使用一般面粉增稠，可以先将面粉和奶油揉制出奶油面团，然后分成小块，直接放入酱料中加热搅开。

使用淀粉和即溶面粉增稠，要先加入温的酱料或温水，把粉末制作成浓稠的悬浮液体或浆体，然后把面浆搅入酱料。

要调整酱料的稠度时，用小火熬煮，加入奶油面糊、奶油面团或面浆，持续加热到变得浓稠为止，必要时再加入更多增稠物。煮太久会让淀粉分解，而使得酱料又变得稀薄。

为了保持酱料的最佳风味以及食用时拥有最佳稠度，加入的增稠物要尽量少，让酱料在锅子中处于较稀薄状态。增稠物会掩盖酱料风味。用淀粉增稠的酱料冷却后比较容易变稠，因此过度增稠的酱料放入盘中时会结块。你可以舀一匙酱料放在温热的盘子上，测试这样的稠度是否适合上桌时食用。

MEAT STOCKS, REDUCTIONS, AND SAUCES
肉类高汤、浓缩高汤与酱料

肉类高汤是肉类酱料与汤品的基底食材，汤中含有从肉类萃取出的风味物质和明胶。明胶是从肉类的结缔组织、骨头与皮中溶出的一种蛋白质，能作为增稠剂，使酱料和汤的口感较为浓稠。

肉类浓缩高汤，包括柚汁与半柚汁，都是把高汤煮滚浓缩后制成的，其浓稠度就相当于酱料，甚至更浓。浓缩高汤的风味强烈，含有很多明胶，因此冷却时会变成固态果冻般透明状，可以用来当做肉精，或增加酱料、汤品和其他菜肴的风味。

肉类酱料是以高汤或浓缩高汤为基底，再加入具有香气的蔬菜、香草、葡萄酒或肉类所制成，通常还会加入淀粉来增稠。这种高汤变化多端，有速成食谱，也有耗工费时的。

搭配烤肉的速成肉类酱料可以这样制成：把烤肉的残屑和香味蔬菜（洋葱、胡萝卜、芹菜）一起炒到焦黄，然后加一点葡萄酒和水、香草和胡椒，一起熬煮到风味都萃取而出，接着把固体食材取出，煮滚以稍微收干水分，再用奶油或奶油面糊增加稠度。

如果要制作风味十足、口感实在的高汤，可以把肉和骨头一起燉煮几个小时。

肉类能够提供风味，但是明胶比较少。小牛肉能产生温和、一般的肉类风味，至于其他的肉类风味就各具特色了。成熟的老母鸡比年轻的仔雏更具风味。

骨头能提供大量的明胶，但是风味比较清淡。年轻动物的关节（小牛膝和猪脚）有很多软骨能提供明胶，猪和家禽的皮也是如此。

准备制作高汤的食材：

· 把骨头浸到冷水中，以去除残留的血。

· 把生肉、骨头、皮洗干净以去除怪味。肉切成薄片，骨头打碎，以增加水和食材的接触面积，萃取出更多风味。

· 要准备一般的白色高汤，先把生的肉、骨头和皮稍微烫到表面变色以去除怪味，并保持汤的澄清。可以把一锅冷水迅速烧开，食材烫好后冲洗干净。

· 棕色高汤的颜色与风味来自于烤肉。把生的肉、骨头、皮和蔬菜在高温烤箱中烤到褐色，黏附在烤盘底部的焦香物质再以水溶出，然后加到煮高汤的锅子中。

制作肉类高汤的方式：

· 准备适量肉和骨头，加水到刚好可以盖过肉和骨头的分量，通常一公斤的食材需要1~2升的水。水太多高汤的风味就淡了。

· 在不加盖的情况下熬煮，不要加热到沸腾。沸腾冒泡会使蛋白质和脂肪变成小颗粒，让高汤变得浑浊。轻轻搅动水，好让小颗粒聚集在表面或沉到锅底。不加盖能使高汤的表面冷却，并让蛋白质的浮渣变干，且使高汤浓缩。

· 把表面的浮渣和颗粒撇除。

· 在最后一个小时才把香味蔬菜、香草和葡萄酒加入。胡萝卜和洋葱能同时提供香味与甜味。

· 依照肉的类别来调整加热时间长短。家禽高汤需要1个小时，小牛肉、羊肉、猪肉要4~8小时，牛肉要6~12小时，年老动物的肉和骨头要熬煮的时间比较长，才能萃取出明胶。若有必要，持续加水好让食材浸在水下面。

· 如果想节省时间一次煮好几升的高汤，就要使用压力锅。要等压力锅完全冷却之后才放气与打开盖子，以免汤突然沸腾使食材变得浑浊。

· 煮好之后用滤布过滤高汤，过滤时不要挤压食材以免汤汁浑浊。用勺子捞汤也是个好办法，如此可以让大部分的固体食材留在锅中。

· 如果要去除油脂，可把高汤冷藏，然后刮除表面凝固的脂肪。倘若时间有限，把高汤静置一下，然后用汤匙把表面的浮油撇除，或用餐巾纸吸走。

如果要让高汤浓缩，可在炉上用小火熬煮数小时，让体量减到一半以上。如果明胶不足，可以用淀粉增加浓稠度，至于风味与颜色则由其他食材来提供。

高汤和浓缩的高汤要冷藏或冷冻保存，并且以保鲜膜贴覆着高汤表面。高汤非常容易酸败，如果要保存一周以上就得冷藏，或每隔几天就煮滚一次。冷冻时，高汤的重量会增加一成，所以容器要预留空间。可以把高汤放在制冰盒中冷冻，这样的分量很适合用来溶解锅底的焦香物质。

冷冻高汤和浓缩高汤在解冻前，先用冷水冲洗一下接触空气的表面，以去除怪味。

要赋予现成的市售高汤或浓缩高汤新鲜风味，可以加入香味蔬菜（胡萝卜、洋葱、芹菜）或香草，稍微煮一下即可。

FISH STOCKS AND SAUCES
鱼类高汤与酱料

鱼类高汤是以水来萃取鱼类的风味物质和明胶，这些鱼肉、鱼骨与鱼皮溶解出来的结缔组织，是能使汤汁变得浓稠的蛋白质。

鱼类高汤稍微煮过风味最佳，其风味与稠度都比肉类高汤清淡。

鱼类酱料可由鱼类高汤制成，也可以用煮鱼、蒸鱼的汤汁来做。

制作鱼类高汤或法式鱼高汤（fumet）的方法：

· 挑非常新鲜、具有宜人海洋风味的鱼肉、鱼杂以及含有大量明胶的鱼头。鳃和脊椎骨上的血管会产生怪味，因此要先去除。

· 生的鱼肉、鱼骨和鱼皮大致切块，浸在冷水中然后冲洗干净，好去除会造成变色的血液和食材表面的怪味。

· 先把香味蔬菜用油炒软，蔬菜在短暂的熬煮过程中才能释放出风味。然后加入鱼肉等一起煮，直到汤成为不透明状。

· 水和葡萄酒的量只要足以盖过食材就好，分量过多高汤的风味会太淡。

· 加热时不加盖，维持在熬煮状态而不要沸腾。

· 熬煮时间约为30分钟，煮过久会使得鱼类高汤变得浑浊，并且带有粗糙的风味。把高汤表面的浮渣和颗粒撇除。

· 高汤熬煮好之后小心倒出，用细筛子或滤布过滤。

高汤可以在冰箱中冷藏数日，也可以冷冻；冷冻时以保鲜膜贴覆在高汤表面。

冷冻的高汤在解冻前，先用冷水冲洗一下接触空气的表面，以去除怪味。

制作鱼类酱料时，可加入新鲜香草以增添风味，白酱、鲜奶油或其他含有蛋白质的食材（蛋黄、筛过的龙虾卵或龙虾肝、螃蟹肝或海胆）搅入增稠。要确保酱料在上桌时会变得浓稠而不至于结块。

日式的昆布鲜鱼汤做法简单、速度又快：用干的昆布加上细柴鱼片（干燥、烟熏然后发酵过的鲣鱼）。将这两种食材小心浸泡在水中，并调出最佳风味，鱼味或蔬菜味都不宜过头。

昆布鲜鱼汤的制作方式：

锅子装冷水，放入昆布，然后一起煮到滚即可。如果要更有风味，把昆布在冷水中浸泡一整夜然后加热到滚，或在65℃的温度下烹煮昆布一个小时。捞出昆布然后加入柴鱼片。柴鱼片浸到汤中，待它沉到锅底时即可。然后立即把做好的汤汁滤出。

VEGETABLE STOCKS AND COURT BOUILLON
蔬菜高汤与速成高汤

蔬菜高汤可以作为汤品与酱料的基础风味液体，同时也能拿来煮鱼、谷物和面食。

蔬菜高汤的做法：

· 准备各种蔬菜、香草和香料，以取得平衡的香气与风味。胡萝卜、洋葱和韭菜能提供甜味，芹菜能提供咸味，蘑菇提供甘味，番茄则提供甜味、甘味与酸味。葡萄酒和葡萄酒醋可以提供酸味和其他各种层次的香气。

· 避免使用风味强烈的蔬菜，特别是含有硫的甘蓝菜以及相近的蔬菜（球芽甘蓝、花椰菜、羽衣甘蓝）。马铃薯和其他含大量淀粉的蔬菜会使高汤变得浑浊浓稠。

· 把蔬菜切成小块或削成薄片，也可以用食物处理机大致切碎，这样可以加速萃取风味的速度。

· 若要增添风味，蔬菜可用奶油或油稍微炒过再加入水中。

· 冷水直接放入锅中，然后加热到微微熬煮的程度。

· 不要加入太多水，否则口味会太清淡。以重量来算，1~3份的水配上一份蔬菜。一杯水（250毫升）相当于250克，也就是1/4公斤。

· 葡萄酒和醋要在熬煮了10~15分钟之后加入。酸会干扰蔬菜的软化，进而影响风味的萃取。

· 继续微微熬煮约30~40分钟，如果用压力锅则需要10~15分钟。如果蔬菜切得比较大块，时间就要加长，直到风味出来为止。不过煮太久会使得汤汁出现蔬菜煮过头的异味。

· 过滤高汤时不要挤压蔬菜，否则汤汁会变得浑浊。

速成高汤（court bouillon）的法文原意是“快速煮滚的液体”，这是一种能快速新鲜制作出来的蔬菜高汤，可用来煮鱼或其它细嫩的食物。

速成高汤的做法是把香味蔬菜切好，根据喜好可用油或奶油在低温下炒软蔬菜，然后加入冷水和香草，加热到接近沸腾的温度，熬煮10分钟后，加入一些葡萄酒、醋和柠檬汁，再继续熬煮20分钟，就可以过滤立即使用了。

储存蔬菜高汤，可以在冰箱中冷藏数日，也可以冷冻，冷冻时以保险膜贴覆高汤表面，或放在制冰盒中。

冷冻高汤在解冻前，先用冷水冲洗一下，溶去接触空气的表面，以去除怪味。

WINE AND VINEGAR SAUCES
葡萄酒与醋酱料

葡萄酒酱料中的主要原料是葡萄酒，这时葡萄酒不再只是提供风味的配角了。

葡萄酒或葡萄酒酱料得熬煮得久一些，好让大部分的酒精蒸发掉。酒精在高温时会产生刺激的口感。比起激烈的沸腾，小火熬煮更能保留葡萄酒的风味。

选择比较不涩的红葡萄酒。加温与浓缩都会增强涩感。

要缓和涩感，可把红酒和肉类或富含明胶的高汤一起煮。葡萄酒中的涩感来自单宁，而单宁会和蛋白质结合，就不会与口中的蛋白质结合。这类的蛋白质会产生微小的单宁蛋白质颗粒，使得酱料变得灰白而湿润。

焦糖醋酱（gastrique）是一种快速制成的酸甜酱料，以醋和糖（或蜂蜜）加热搅拌所制成，有时会加入一些水果。通常用来搭配重口味的肉类。

SOUPS
汤品

汤品是最难明确定义的食物，内容包罗万象。几乎所有的食材都可拿来做成汤，而汤可能澄澈也可能浑浊，口感可能顺滑也可能粗糙，质地可能浓稠也可能稀薄，可能是热的也可能是冷的。只要这种液体食物能用汤匙舀来吃，就可以是汤。

虽然如此，汤还是有一些基本原则值得一提。

风味的平衡对汤品而言非常重要，且有无数的调整方式。调味时，目标是先建立扎实的风味当做基础，然后再让卤味、酸味和甘味平衡。浓郁的酱料可以用酸味产生对比，蔬菜泥可增添一些来自培根、番茄或帕玛乳酪的甘味，甚至加入一点酱油、越南的鱼露或日本的味噌也不错。

许多热的汤品会使用对温度敏感的食材来增加稠度和口感，就跟酱料一样，因此制作时都要格外留心。

如果使用蛋黄或者是其他未烹饪过的动物蛋白质（甲壳类动物的肝脏、海胆、肝泥、血液），加热时要小心，不要热过头以免蛋白质凝结。一开始得让汤维持在远低于沸点的温度，然后慢慢把少许汤汁加入能够增稠的食材中，让食材逐渐稀释并加温，之后才能把食材加入汤中缓缓加热。在汤汁开始变得浓稠时就得停止。剩余的汤品再加热到70℃即可，不要煮沸。

若要以鲜奶油来增加稠度和浓郁的口感，要使用高脂的发泡鲜奶油或高脂法式鲜奶油，这类鲜奶油中的牛奶蛋白质很少，即使煮到沸腾也不会形成看得见的结块。如果你使用的是低脂的鲜奶油、酸奶油、酸奶、奶油，或一些调味油、橄榄油，那么就要在温度已远低于沸点于上桌之前才加入。剩余的汤品若要重新加热，温度到70℃即可，不要加热到沸腾。

为了避免结块的风险，可选择使用淀粉或面粉来增稠的食谱。淀粉和面粉能够避免蛋白质结块，也能避免鲜奶油渗出油来。

如果要用面粉或淀粉来为汤品增稠，一定要先把这些粉打散制成奶油面糊、奶油面团或面浆，以免结块。加入增稠剂之后，用小火加热汤品到适合的浓稠度为止。

未煮过的食材要在文火熬煮的阶段才能加入，以免煮得过热或不够熟。先加入的是全谷物类、结实的胡萝卜或芹菜，之后加入比较软的洋葱或花椰菜、鸡胸肉片、白米或意大利面。最后加入幼嫩的芹菜叶、鱼类、贝类等。你也可以把这些食材分开来煮，上桌之前再混合。

汤上桌时，可以盖上锅盖以维持汤品温度，大约在60℃。剩下的汤在离火后四个小时就要冷藏。

剩余汤品重新加热时，至少要加热到70℃。如果要用蛋白质来增稠，要小心避免结块。

CONSOMMES AND ASPICS
法式清汤与清汤冻

法式清汤是一种用肉类高汤制作出来的澄清汤汁。这种澄清的质地是调制过程中的某一两个步骤所完成的。传统方式快而耗功，现代方式虽简单却较耗时。

传统方式制作的法式清汤，是利用蛋白质来拦截杂质，随着杂质而丧失的风味与明胶，则用瘦肉和蔬菜来代替。

· 把肉和蔬菜细细切碎，让风味能迅速融入汤中。

· 将肉末和菜末与蛋清混合，轻轻搅拌，让浓稠的蛋清散开。

· 将此混合物倒入冷的高汤中搅拌，缓缓加热，微微熬煮一个小时。

· 煮好后蛋白会凝聚浮起，用勺子把蛋白推到一边，捞出高汤。

· 接着用细筛子或滤布过滤高汤。

现代方式制作的法式清汤，使用高汤中的明胶来吸收杂质。这样做出的高汤分量较少，也不含胶质。

· 让高汤结冻一个晚上，然后把结冻的高汤从容器中取出。

· 把结冻高汤放在滤碗中，下面用锅子或碗盛着，在冰箱中冷藏解冻24小时。

· 收集融化而滴落下来的液体，胶质形成的结构会和脂肪与蛋白质留在滤碗中。

· 要恢复高汤的稠度，加入一点点明胶或三仙胶（一种类似淀粉的增稠剂，会用在不含麸质的烘焙食物中）。

清汤冻是结冻的肉类或鱼翅清汤，其他具有风味的液体如果含有足够的明胶也能结冻成形。清汤冻可整块入口，并且入口即化。

制作理想清汤冻的重点在于明胶浓度，使得清汤冻有固体的质感又不至于拥有橡皮般的弹性。

高汤中含有的明胶差异很大，在澄清高汤的过程中会移除一些明胶。鱼类明胶形成的冻比较软，因此需要额外加入事先准备好的明胶。

要确定制作清汤冻的清汤是否足以凝固，就试验一下：将一匙清汤放入冰箱快速冷藏。

若有必要，把准备好的明胶加入清汤。如果要清汤冻较软，那么一升的液体只需要加入20克明胶。如果清汤无法凝固，那么每升得再加入5克明胶，然后重新试试；如果还是没凝固就继续加入，直到可以凝固为止。如果清汤冻的硬度要能够包裹住肉末、肉块，或要能将切碎的肉黏合起来，那么一升的液体就要加入100~150克。

市售的明胶先要用冷水润湿之后才能混入热高汤。如果直接加入热的液体中，明胶会结块而不容易溶解。

清汤不能煮到滚，也不能加热太久，这些过程会让明胶分解，而使得清汤冻不容易凝固。

第二章

CHAPTER 2

DRY GRAINS, PASTAS, NOODLES, AND PUDDINGS

干谷、面食与布丁

谷物集结了让胚胎萌芽所需的养分，更孕育了人类文明。

稻米、小麦和玉米提供的的营养，孕育了人类文明，也为全世界大多数人类带来了温饱和享受。这三种谷物和其他的谷物都是稻谷类，其中集结了让胚胎萌芽所需的养分，且干燥之后就能保存数月。

谷物的价格平实，又能带来果腹感感，同时风味清淡，能够和大部分有着强烈风味的食材搭配。谷物可以作为主菜、配菜，甚至做成点心，通常只需加热并加入有风味的液体即可，例如有咸味的水。谷物实际上的调理速度也比许多食谱所说的快，只要浸在水中即可。谷物有既定的烹调方式，不过所吸收的水量则不需要我们精密监控。

面食和面条是谷物磨碎加入水分制成面团之后，再塑造成许多不同的形状，能够在热水中快速煮熟。机器也能生产出顶级的面团和面食，不过手工制作也算得上既简单又有趣。

在我的食物柜中，唯一比谷物还多的食材种类只有香料。不过是几年前，在美国、意大利的法罗米（farro）和不丹的红米都还算是异国罕见食材，但现在就连斯佩尔特小麦、小米、紫大米、黑米、熏眉草等其他谷物，都可以很容易得到。请一定要多尝试米饭和玉米粥以外的谷类食物——面食，因为它们非常美味。世界各地还有许多用其他种子烹调而成的美味营养佳肴。

GRAIN SAFETY
谷物的安全

大部分的谷物和谷物制品一开始都是经过干燥的，需要在滚水中完全熟透，所以这些食物本身几乎不会造成健康上的危害。

谷物或谷物制品如果变色出现霉味就得丢掉，这表示已经受到霉菌污染。

谷物料理放在室温下不要超过四个小时，不然就得维持在55℃以上，或尽快冷藏或冷冻。重新加热时温度要达73℃以上。倘若谷物料理放了隔夜或更久，就得丢掉。谷物通常带有细菌的孢子，这些孢子能够经受烹煮的过程，然后在温暖的料理中萌芽，产生的毒素就算经过加热也不会被摧毁。

如果把米煮好之后得放置好几个小时，那么就要保持在55℃以上，或先把一部分冷藏，要吃的时候再加热。寿司饭可在室温下维持比较长的时间，因为饭中掺有米醋，能抑制细菌生长。**乳糜泻**是由特定的谷类蛋白质所引发的严重疾病，某些人会对于这种蛋白质极度敏感。

乳糜泻患者不可食用小麦、大麦、裸麦、燕麦，以及单粒小麦（einkorn）、二粒小麦（emmer）、卡姆小麦（kamut）或斯佩尔特小麦（spelt）等和现代小麦亲源相近的谷物。

SHOPPING FOR GRAINS AND GRAIN PRODUCTS
挑选谷物与谷物制品

美国超市现在贩售的谷物与谷物制品比以前多很多，这些多样化的产品来自世界各地，通常有小包装，可以用来保鲜。许多健康食品店和有的食品店会贩售大包装的谷物，这可能需要冷藏。现在不少农民与磨坊也在网络上贩售家里的谷物，并能按照顾客需求进行加工，同时以冷冻的方式运输，以保持最佳新鲜度。

大部分谷物都会制成以下多重形式的产品来贩售：全谷物、精制谷物（除去种皮与胚芽）、研磨谷物、细磨谷物。

全谷物（例如全麦、糙米）比精制谷物更具风味也更有营养，所需的烹煮时间也较长。谷物的麸皮和胚胎含有丰富的维生素、油脂、纤维等重要的植物化学物质，但其中所含的油脂很容易变味。此外麸皮会减缓谷物吸收水分的速度，因此全谷物需要煮40~60分钟才能熟透。

精制或去糠的谷物（珍珠麦、白米）所含的营养物虽不如全谷物，但也较不容易走味，煮15~30分钟就能熟透。

研磨谷物（面粉、燕麦片、大麦片、玉米粉）大多都是精制过的。用石板研磨出的谷物含有比较多麸皮，比一般的研磨谷物更具有风味也更有营养，但是也比较容易走味。

即食谷物产品是煮过之后再干燥（或冷冻干燥）的，放在热水中很快就会恢复原状，但是通常会有异味。

购买谷物时注意保存期限，挑选塑料包装厚实的。所有谷物放久了都会失去新鲜度而走味，纸包装和纸箱几乎无法提供任何保护。不过有些亚洲和意大利米会故意放好几年，以培育出独特的风味。

全谷物和仅稍研磨精制的谷物一次不要买太多，因为很快就会变味。

想吃到最新鲜的全麦粉，可以买来谷物自己研磨。你可以把磨连接在一般的搅拌机上，或使用电动或手动磨。

早餐用的各种玉米片和谷片，通常都添加了糖和脂肪，就连全谷物也不例外。要详细阅读成分表。

面食和面条的品质和价格都具有较大的弹性。

普通价位的面条使用的面粉较少，用的鸡蛋也比较不新鲜，吃起来没有真正好的面条那么美味，煮的时候容易变软、粘连甚至断裂。

购买不含蛋的意式面条时，最好挑选由杜兰小麦（硬粒小麦）所制造。杜兰小麦含有的蛋白质比例较高，是意大利面食的标准原料，能够制作出结实的面条。

STORING GRAINS
储藏谷物

谷物和谷物制品放在食物柜中，可能好几年都不会腐败，但如果处理不当，不出数日风味便会流失。

谷物和谷物制品要密封放在干燥、阴凉、不见光之处。

如果谷物和谷物制品使用透气的纸袋或纸箱包装，就得再用厚的塑料袋包起，或放到硬的容器中。

市场上散装的大桶子买来的谷物和面粉，要密封到塑料或玻璃容器中储存。没有密封的谷物会滋生谷蛾，这种昆虫的幼虫会咬破纸袋或薄的塑料袋，进而让谷物和面粉受到损坏。

谷物或面粉若已滋生昆虫，可进行冷冻，这样就可以杀死昆虫的卵或幼虫。

已开封的谷物或面粉在使用之前，要先检查并闻一闻。如果有怪味或结块，就可能是变质或有害虫的迹象。

全谷物和全谷物磨成的粉末要冷藏密封，以避免吸收水气和怪味，这类农产品不论是否以石磨研磨过，都含有多元不饱和脂肪，非常容易变质而产生怪味和苦味。

冷藏过的密封包装打开之前要先放置恢复到室温，以免冷的谷物凝聚水汽。

煮好的谷物制品要放入冰箱冷藏或冷冻，先行包紧以免吸收其他怪味。这些制品在冷冻库比较不会那么硬，冷藏室的温度则会使得这些制品中的淀粉变得更硬实。

THE ESSENTIALS OF COOKING GRAINS
谷物的烹调要点

大部分谷物的烹煮过程都可以分成两个步骤： 让水分进入干燥的谷物，当细胞和淀粉吸饱了水分之后，再加热来软化淀粉和细胞壁。把这两个步骤分开处理，可以节省烹煮时间并省下一些麻烦。此外，使用电锅烹煮时就可以不用一直监看，又能自动把谷物煮到好。

全谷物是大批采收与处理的，因此烹煮前先经过一番筛选和清理。

要除去灰尘、谷糠、坏掉的谷粒以及小石头，可把谷物放在水中淘洗。

要让煮出的谷物有烘烤的香气，可将洗好（但尚未泡水软化）的谷物放在烤盘中，放进175℃的烤箱，直到发出怡人的香味。也可以在炉火上面以浅锅烘烤部分米粒，之后再混入整锅米一起煮熟。谷物是干燥的种子，比较硬，通常需要水和热量让种子软化才好入口。大部分的种子会吸收自己重量1.7倍的水（用体积算是1.4倍），就会变得柔软可口。食谱中提到的水量通常会比这个标准更高，因为煮的时候水分会蒸发，而且多点水在煮好之后会产生酱汁般的液体。煮熟谷物的体积和重量通常是下锅前的两倍。

全谷物烹煮的时间要比一般谷物久，因为种皮没有剥掉；压扁或研磨过的谷物所需的时间则要短。

倘若谷物在烹煮之前已经浸水达8小时，烹煮时间便可减半。水穿透谷物的速度要比热量慢，尤其全谷物有完整的种皮保护时，这个过程会更慢。用压力锅煮谷物就会快很多。

在水中煮谷物分成三个阶段：用大火煮至将近沸腾的程度，用小火维持沸腾煮到谷物变软，用文火保持温度让谷物中的水分从外到内分布均匀。

· 若要避免滚水突沸，以及谷物烧焦黏附在锅底，烹煮时可浇入一点油脂和冷水让泡沫消失，并小心控制炉火。

· 刚开始加热时用高温，不要加盖，要经常检查。

· 在水将近沸腾之际把火关小，把盖子盖上并留点空隙好调整温度。每隔几分钟就检查一次。

· 一旦水量减少到水位低于谷物，便将盖子完全盖上，然后把火关到最小。

· 当谷物几乎都煮软了，就把火关掉，焖10分钟以上让谷物完全变软。

用汤汁来煮谷物。当谷物吸收了汤汁中的水分，剩下的液体就会越来越浓稠。牛奶就会变成奶油状，鱼类或肉类的高汤也会变得胶着、浓稠。在谷物尚未煮熟时，不要加入番茄或其它酸性液体，因为酸会大幅减缓软化的过程。

如果要煮出粒粒分明且完整的谷物，先用大量的水来煮，再把水滤掉，接着将谷物放入宽底的锅中让水分蒸发，并避免让底部的谷粒受到重压。

也可以用一般的方法烹煮，但煮的时候不要搅动。谷物煮熟之后，让盖子稍微打开，慢慢冷却15~30分钟，接着才用铲子慢慢翻动。刚煮好的谷物软而脆，很容易破碎，放凉之后会比较结实。

有些煮好的谷物放冰箱之后会硬到难嚼，特别是长米，其中的淀粉会重新连结。

如果想让冷藏过而变硬的谷物回软，可以重新加热让其中淀粉失去结构。先淋上一些水，接着加盖在微波炉中以高功率加热；或加水以中火加热；也可以用锅在火上炒。

BREAKFAST CEREALS
早餐麦片

家中常备的干燥早餐麦片，通常是由压扁或片状的谷物制成，这些谷物通常经过滚压，有时会经过快速蒸熟，以便在干燥情况下也能轻易嚼碎，同时会迅速吸收冷牛奶优格中的水分。

瑞士麦片（muesli）是由压扁的生燕麦、水果干和坚果片混合而成。

燕麦棒（granola）是在燕麦片与坚果片中加入一点油和蜂蜜，

再用中温烤到稍微焦黄而酥脆，然后加入水果干。

热的早餐麦片是以热水或热牛奶将谷物加热到非常柔软湿润而成。如果是全麦，可以烹煮整整一小时。快煮麦片使用的是碎燕麦、燕麦片以及其他“即食”谷物，其中有些谷物可能是煮熟再干燥过的。

预先煮过的麦片通常含有香料和抗氧化的防腐剂，食用前记得检查成分。

要缩短全谷物或粗谷物的烹调时间，可以先浸在牛奶或水中，放在冰箱过夜。

缩短烹煮麦片的时间，也可以用微波炉或压力锅。

KINDS OF GRAINS
各种谷物

常用来烹煮的谷物有十多种。以下对于比较少见的谷物只会简单带过，至于米、玉米和面食的描述则会占用较多篇幅。

小麦有很多种类和品种。

硬粒小麦通常以全麦颗粒的形式来贩售，这种小麦含有大量的弹性蛋白，充满弹性而富有嚼劲，适合拿来做面包。煮过之后的口感也胜过含大量淀粉的软小麦。

法罗麦是古代二粒小麦的意大利名称，这种小麦可以加到汤中，或和大量液体煮成类似炖饭的料理。市面上贩售的古代二粒小麦通常会稍微磨掉一些麦皮，以加速吸收水分，缩短烹煮时间。

斯佩尔特小麦和卡姆小麦是两种纯种小麦，黑小麦（triticale）

则是混种。卡姆小麦的谷粒特别大，呈奶油色。

压碎的小麦经过研磨且去除麸屑后，缺少了全麦的风味，不过熟得比较快。粗磨的压碎小麦经过水煮后能做出类似米饭的料理或麦片粥。细磨的小麦颗粒可以加入面团或面糊中，增添粗糙的口感。

小麦片（bulgur）是不含麸屑与胚芽的压碎小麦，已经煮熟并加以干燥。小麦片可以永久保存，而且很快就能再次煮熟，并带有持续的嚼劲。大部分人是从黎巴嫩香芹薄荷沙拉知道粗磨小麦的。

大麦具有独特风味，富有弹性，通常以三种不同的形式贩售：第一种是去谷的全麦，这种的全麦有完整的种皮，有时候会压成薄片。第二种是苏格兰大麦，留有种皮上的一条黑线，内含部分胚芽。第三种是珍珠麦，只剩下谷粒内部柔软的部分。

裸麦有土味，颗粒比小麦软，含有大量可溶性纤维，因此吸收的水分比小麦更多。裸麦通常也是压扁的。

燕麦比小麦还要脆弱，很容易压扁和咀嚼，风味独具、口感湿润、质地顺滑，很适合作为早餐的热谷片。燕麦含有大量的水溶性纤维。

压扁的燕麦片是蒸过后再干燥的，因此无需煮熟就可以直接用来制作燕麦棒或瑞士谷片。快煮或即食燕麦片会被压得特别薄且能够快速吸收热水。粗切过的刀切燕麦需要的烹煮时间较长，也比较有嚼劲。

荞麦是小而风味独具的种子，入口稍带涩感，和真正的小麦没有亲属关系。荞麦不含麸质，乳糜泻患者也可食用。市面上贩售的荞麦通常是全谷物或去壳的，也会有一些是已经烘焙过（可做荞麦粥）的。去壳的荞麦比完整的容易走味，需要冷藏或冷冻。

小型谷物（有的只有小黑点般大）包括苋菜籽、藜麦、小米、高粱和画眉草籽。这些谷物和小麦没有亲属关系，因此乳糜泻患者也可以食用。这些谷物可以用油来爆，在液体中也能很快煮熟。

RICE
米

米是世界上直接养活人数最多的谷物，种类繁多。不同种类的米需要用不同方式处理，才能品尝到它最美的味道。

白米（精米） 在外层的糠和部分或全部的胚都已磨除的情况下，可以存放好几个月。

糙米的糠和胚还都留着，最好存放冰箱。

同样品种的米，糙米烹煮所花的时间是精米的2~3倍，而且口感比较耐嚼，也有独特风味。糙米烹煮时所含的淀粉不易流出，所以米粒也没有那么黏。糙米所含的维生素、矿物质和有益健康的植物化学物质，都比白米多。

长米是大多数华人和印度人食用的米，这也是美国人的标准用米。这种米烹煮需要较多的水，烹煮时间也较长，煮出的饭会较为结实而不黏。长米冷了会变硬，要是冷藏则变得更硬；重新加热之后会变软。

香米有不同的名称，主要属于长米，带有独特的爆玉米花香。这种米原产于印度、巴基斯坦和泰国，目前品质最佳的香米依然产于亚洲。北美洲的产品不是香味淡就是没有香味。印度和巴基斯坦香米通常会陈放几个月，好让香味累积，以煮出口感结实的米饭。

中米是印度与西班牙烹饪中的标准用米，烹煮时所需的水比长米少，煮好之后比较软黏，冷藏也不会变硬，因此不用再加热也可以吃。

糯米是泰国北部和老挝的烹饪标准用米，日本和其他东南亚国家也食用这种米。糯米也称蜡米、黏米或甜米。糯米烹调时所需的水分较少，只要浸水之后就可以蒸软，不需要放到水中煮沸。

红米和黑米则是糠中带有色素的品种，而糠会使煮熟的时间加长。有些制造商会将部分米糠磨去，以缩短烹煮时间。

改造米是稍微煮过后才干燥的。所需烹煮时间比生米更长，具有独特的香气，口感结实，有时具有粗糙质感，几乎不黏。改造米的最大优点也是其最大缺点：不论煮多久、怎样煮，依旧结实滑溜。这种米是印度南部传统的米，目前常用在酒席宴上。

快煮米是完全煮熟后干燥、压裂而成，烹煮时水分很快就能透入。这种米容易碎裂，通常会有怪味。

野生米生长于北美洲，和真正的亚洲米有一定的亲缘关系。这种米十分细长，种皮的颜色深，采收之后稍微发酵就加热烘干，具有独特的土味或茶香。野生米的种皮非常防水，所以烹煮很花时间，有些制造商会磨去种皮以缩短烹煮时间。

如果要尝到真正野生米的风味，要仔细阅读它所包含的营养成分。市售的野生米大多是在加州栽种，而不是从大湖区或加拿大来的。颜色不均匀的野生米和均一黑色的野生米相比较而言，前者更有可能是采集得来的。

米的烹饪方式

米有两种基本的烹调方式以及数不清的变化。

用大量的水来煮沸，可保持米粒完整，但是营养会流失。长米和中米大多适合用这种方式烹煮。

用定量的水来沸煮，可保持米的营养，但是煮出的米比较黏，而且锅底可能会产生焦黄的锅巴。加不加盐都可以。

煮米的事前准备：

把米彻底洗净，清除残渣。美国米会添加维生素，如果要保留这些维生素，就不要冲洗。

把米浸在水中，或清洗后保持湿润状态，这样米会煮得均匀且快速。这是烹煮印度香米和日本米的传统做法。

印度香米要浸30分钟，糙米要浸1~2小时，洗好的日本米要放置30~60分钟。

用大量的水来洗米：

把米放入滚水中。

用滚水煮米约10分钟，或煮到还不怎么软。

倒掉所有的水。

盖上锅盖，用小火煮几分钟，直到米熟透为止。每隔一两分钟摇动一下，以免粘锅。

用适量的水煮米：

· 用宽厚锅底来煮。米均匀煮熟后的高度要维持在2.5~5厘米。

· 遵照米包装或饭锅的说明来调整水量。也可以用米的分量来换算：美国与印度长米用的水量是米的2倍体积，印度和西班牙米用的是1.25倍水量，湿的日本米和寿司米则用1倍水量。如果这些米是未浸过水的糙米，水量就要加倍。

· 用高温把水和米煮滚，盖子打开好观察烹煮情况，要避免突沸。

· 煮滚后开小火，盖上盖子，白米熬煮10分钟，糙米则煮到软为止（约30分钟）。

· 熄火，让锅内的蒸汽把米煮熟。

除了用火，也可以用电锅或者微波炉烹煮。

不论使用哪种方式煮米，熄火等蒸汽消散后，都要把盖子稍微打开15~30分钟，如此米饭稍凉之后口感才会结实、粒粒分明。

如果锅底形成锅巴，可以另外处理成其他菜肴，许多民族都有这种料理。

炖饭是很受欢迎的意大利米食，其中米含有的淀粉会释放出来，让煮米的水变稠而成为酱汁。炖饭的传统做法是需要一直在锅旁看着的。

制作炖饭的方法：

· 使用意大利的中米。Arborio品种的口感较粉，而vialone nano和carnaroli则比较有嚼劲。

· 用油或奶油稍微拌一下干米粒，以免米粒结块，也会让米粒变得结实，同时产生烘烤的风味。

· 先加葡萄酒，再加入其他液体，好为基底风味添加酸味与鲜味。煮好液体为的是让大部分的酒精蒸发。

· 之后每次加入少量滚烫热煮液（通常使用高汤），然后搅拌米粒，直到液体全部被吸收干，不断重复这个步骤。在这个过程中煮液会大量蒸发，因此会需要大量煮液以浓缩风味。搅拌的动作也会磨除米粒表面软化的淀粉，使得液体变得浓稠。

· 如果你前一两次添加煮液而太少搅动，那么米粒释放出让汤汁浓稠的淀粉就会很少，且整粒米会变软，之后再搅动，米粒就破碎了。

· 当米粒嚼劲十足时就得停止加水，这时可以加入奶油、奶酪和其他可以让风味浓郁的食材。

· 若不想寸步不离守在锅旁，仍可做出口感与炖饭相近的料理。先把第一批的煮液加入米中，然后将米粒摊平在烤盘上快速降温，之后放入冰箱，让米粒烹煮过的外层部分变硬。食用之前，把米放入煮液中熬煮，最后再加入其他食材。加一点米淀粉可以增加浓稠度。

抓饭的制作方式是将长米用奶油或油炖过，以免黏结，通常也会放入洋葱等有香气的蔬菜一起炖，然后加入足量的煮液和食材，通常是菜、肉、水果、香料，把整锅煮熟。快要煮好之前，要时不时地搅动使食材混合均匀，直到完全煮熟。

如果要制作冷食的米沙拉，需要用短米或中米，这种米放凉后不会变得很硬，使用油醋酱或酸性酱汁以抑制细菌生长。

制作在室温下食用的寿司，使用的是短的寿司米，并以传统的醋与糖混合来调味。

CORN
玉米

玉米是美洲最重要的谷物作物，比起其他谷物要大上许多，有独特的风味。玉米的种皮坚硬，因此我们通常吃的全爆玉米只有爆米花。玉米有许多不同的颜色，从白、黄到蓝色与深紫色都有，而不同品种适合的烹调方式也不同。颜色丰富的玉米所含的高价值植物化学物质也比白玉米要多。

爆玉米花使用的玉米品种蛋白质含量高，种皮也很硬，能够抵抗种子内部水蒸气的高压。水蒸气能将种子煮到半熟，把玉米粒爆开。

酱爆米花的玉米粒保存在密封容器中，这种玉米会依照空气湿度的不同吸收或释放水分。如果要爆得漂亮，玉米中水分含量的变化只能限定在很窄的范围。

爆玉米花的方式：

快速将玉米粒加温到200℃，它可以用一层上了油的锅、爆玉米花机或高功率的微波炉加热。

盖子要打开或使用防油罩，避免湿气闷在锅内，否则爆好的玉米花会湿软老掉。

玉米粉、**玉米粗粉**、**玉米粥**，是玉米碾过以后制成的，都可以加入数倍体积的液体（高汤、牛奶等）煮成糊状物。这类食物的市售产品都是预煮过的，有各种粗细的颗粒。

风味最好的玉米粗粉与玉米粥是由石磨磨成，还留有胚芽和种皮的碎片。大部分的玉米都经过钝化，相当无味。石磨磨出的玉米很快就会走味需要密封冷藏，已开封的在使用前需要闻一闻是否新鲜。

以下是烹煮玉米粉、玉米粗粉、玉米粥的传统方式，比较费时：

慢慢将这些玉米制品放入滚水中并持续搅动，以免结块。

慢慢搅动约一小时，让玉米吸收水分并且产生香味，同时避免锅底烧焦以及玉米粥突沸溢出。

如果要用比较简便的方式，把磨过的玉米放入沸水，同时搅动。接着：

在不加盖的状态下放入150℃的烤箱，让锅子缓慢均匀地从四面八方受热，里面的粥不会突沸溢出。

不时检查、搅拌刮动锅底与四周，如果有需要就加水。也可以用微波炉来烹煮，十分便利。先把这些玉米制品放到一碗冷水中，不要加盖，然后以高功率加热，每15~20分钟搅拌一下，直到煮出黏稠的玉米粥。

如果要让玉米粥在放凉之后能够凝固，以便煎或烤，那么水就要放得少，制作出结实的粥，如此不但容易切割，也能形成较厚的表皮。

玉米粒渣是整粒玉米粒用石灰煮软之后，去除坚硬的种皮制成的食物，结实而有类似肉的口感。

由于石灰是碱性的，玉米粒渣尝起来有滑腻、肥皂般的口感。如果要拿玉米渣来炖煮，必要时可以先泡水除去残留的石灰。

马萨是由玉米粒渣研磨之后制作而成的密实面团，干燥后制成的粉末就是马萨面粉，方便日后再揉制成马萨面团。在墨西哥商店可以买到新鲜的马萨面团，许多超市则贩售马萨面粉。马萨可用来制作墨西哥玉米饼、玉米片和玉米粽。

新鲜马萨比用马萨面粉重新制作出的马萨面团更有黏性。不过马萨面粉在干燥和研磨的过程中，会产生烘烤的香味。

玉米粽是在马萨面团中包入肉和其他食材，再以玉米壳包裹后蒸熟制成。

如果要制作口感松软的玉米粽，面团中要加入猪油。将猪油搅拌到起泡，然后用肉汁将马萨面团搅开，最后搅拌到蓬松为止。

PASTAS, NOODLES, AND COUSCOUS
意大利面食、面条和中东小米

意大利面食和面条是由谷物粉制成的块状或条状小面团，经热水快速烹煮之后，便可用各种酱料来调味，或放入汤中食用。若是意大利面食，就一定是用小麦粉制作而成。至于面条，乃是世界各地都有的食物，原料包括小麦、米或其他纯化淀粉。面若经脱水干燥处理，可储存几个月。

西方的面食和面条有许多种类和形状。

各种干燥的意大利面食，如意大利面、宽面、螺旋面等，都是使用含有强韧蛋白的杜莱小麦制成的，这种高筋的面粉制作出的面团很坚韧，可以做出各种奇形怪状的面条，且烹煮之后依旧能保持结实和弹性。

干面条通常是以中筋面粉和鸡蛋为原料。加入整颗鸡蛋则会使面条变得紧实有弹性，并染上淡淡的色泽。若只加入蛋黄，制作出的面条风味浓郁也更黄，可是比较缺乏韧性。

新鲜的意大利面条制作方法：

· 清理出够大的工作空间，好让面团能够被擀成很大的薄片。

· 把鸡蛋、面粉、盐和其他食材揉捏成均匀面团，食材中通常还会加入油，使面团容易推开。

· 把面团放到中心，让面粉颗粒能够完全吸收鸡蛋的水分。

· 把面团切成数块，小块比较容易擀开、分切。

· 用擀面棍或制面机把面团擀成非常薄的面片，在面片上撒面粉以避免粘连和破裂。

· 用刀子或制面机将面皮切成想要的形状，并立即在面条表面撒上面粉，以免切口粘连。

新鲜面条很容易坏，若不立即下锅，就得干燥、冷藏或冷冻保存。

在天气干燥时才能晾面条，否则就要用食物脱水机或放在60~65℃的烤箱中烘干。干燥过程如果太过缓慢，微生物便有机会滋生而让面条坏掉。

煮面条时要多注意，面条表面的面粉会让水突沸。面条很快就煮熟，通常只要几分钟。

烹煮意大利面食的方式有下列数种。

传统方式：

· 使用一大锅水，通常每500克的面条需要使用4~8升水，水要加盐。

· 将水煮到大滚，锅子加盖可以更快到达沸腾。

· 若要避免突沸或面条粘连，可在滚水中放入15毫升的油，并让面条入水时皆能沾上油。或面条在下锅之前用自来水冲洗一下。讲究的厨师反对这个方法，不过它确实有效。

· 面下锅之后要搅动，以免彼此粘连。

· 当水再次沸腾，将火关小让水维持中滚即可，然后煮到面熟。盖子要留空隙以免水突沸。

烹煮干燥的意大利面条时：

若要节省时间、省水、省能源，并减少粘连，可让干面条先泡水。

· 把面条浸在盐水中一个小时，之后再下锅。

· 把吸过水的面条放到沸腾的盐水中，每500克的面用1~2升的水。

· 不时缓缓搅动，直到面煮好。

烹煮新鲜或干燥的意大利面条时，还有更有效率的煮法（无需事先浸泡）：

· 把面浸泡到平底锅的冷水中，500克的面需要1.5升的水。

· 整锅加热到沸腾，不时搅动，然后把面煮到熟。

· 煮面水含有大量淀粉，比较浓稠，可以加入橄榄油和调味料，制作成简单的酱料。

如果要把风味煮进结实的面中，可以使用做燉饭的方式，多次加入少量的高汤和葡萄酒，不断搅拌直到面煮熟为止。

为了避免把面煮过头，在面条中心还有一点硬的时候就可以起锅。面条在加入酱料和上桌的过程中，中心还会持续变软。

煮好的面条放入滤碗，以滤掉多余水分。

面条煮好后不要用自来水冲洗，这会使面条冷掉，而且不容易吸附酱汁。

面条煮好后要立即上桌，用酱汁或油稍微粘裹面条，以免互相粘连。

库斯库斯（粗蒸麦粉）源起于北非的细小面类，大小通常只有麦粒或米粒那么大。这种面食是在粗磨的杜莱小麦面粉洒上一些水，搅拌、搓揉后再过筛，制作成1~2毫米大小的颗粒。这些干燥的颗粒会经过数个阶段的蒸煮，最后放在燉煮的食物上方蒸透，就能够做出轻盈松软的细小颗粒。

工厂制的库斯库斯大多是经过预煮再干燥。

如果要快速调理库斯库斯，可先浸水，然后在微波炉中以高功率微波加热，每一两分钟搅拌一下，让水汽和热得以均匀分布。

以色列库斯库斯和萨丁尼亚珠面（Sardinian fregola）都是较大型的面食，并非由杜莱小麦制成，烹煮的结果也和库斯库斯不同。烹煮时跟其他面食一样需要大量的水。

ASIAN NOODLES AND WRAPPERS
亚洲的面食和米纸

亚洲面食和米纸的原料来自小麦、荞麦或米等谷物所磨成的粉，或米、绿豆、地瓜等植物所萃取出来的淀粉。亚洲面条的特色，在于表面滑顺的口感。

要让煮好的面条滑顺而不黏结，需要把面条浸到冰水中以洗去表面过多的淀粉，并让未洗去的淀粉凝结。

由淀粉所制成的米粉、粉丝和米纸，具有诱人的透明质地且烹煮方便，因为经过预煮，只要重新吸收水分就可以吃了。

处理米粉和米纸的方式是，将米粉泡在热水中，米纸泡在温水中，米粉可以加入酱料或放入汤中食用，米纸则用来包裹蔬菜、肉类和海鲜，口感冰凉清新。

DUMPLINGS, GNOCCHI, AND SPAETZLE
西式饺子、美式面疙瘩、德式面疙瘩

西式饺子是由小团面团或面糊放入热的煮液、滚水或其他食材中燉煮而成。

美式面疙瘩通常是由马铃薯等根茎类植物淀粉煮熟并压碎后制成，也有用瑞可达乳酪、蛋和面粉揉制成面团制成。

德式面疙瘩是由较稀的面糊滴制而成，形状小而不规则。

如果要制作出柔软的饺子面团，就尽量不要揉捏。

美式面疙瘩美味的关键在于尽量少用面粉，也不要放鸡蛋，因为鸡蛋会让面团黏而有弹性。

西式饺子、美式面疙瘩及德式面疙瘩的做法：

以小滚熬煮，剧烈的翻滚会让细致的面团破裂。

面团浮起之后，再煮一两分钟便可捞起。

先尝尝是否熟透，再倒入滤盆里沥干。面团浮起表示内部充满了热蒸汽，不过有些面团或面糊在尚未熟透时就会浮起来。

PUDDINGS
布丁

布丁是由谷物（米）、谷粉或淀粉（玉米淀粉、木薯淀粉）制作出来的滋润浓稠食物。布丁通常是甜的，有时会加入鸡蛋或脂肪以增添浓郁口感。然后再加以烘焙、蒸煮或沸煮。

布丁美味的关键在于好的食谱，并以足够的水分让好的谷物食材充分吸水，以及足够的糖和脂肪让布丁变得滋润又柔软。食材的混合方式也很简单。

布丁加热时要使用中火并且加盖，以免变干。

第三章

CHAPTER 3

SEED LEGUMES: Beans, Peas, Lentils, and Soy Products

豆类：豆子、豌豆、小扁豆和大豆制品

豆子能当做主食，也适合作为配菜。

豆类能够当成主食的种子，有时比谷物更适合。豆类无法像谷物一样制成膨发的面包或有嚼劲的面条，但世界上有许多地方的人，因为吃不到肉或选择不吃肉，便以豆类作为一餐的主菜。豆类也能与米、面包或马铃薯等食物搭配，让每餐的营养更均衡。而小扁豆这种小型豆类和米一样很快就能煮熟。

豆类含有的蛋白质是谷物的两倍，同时具有强烈的甘甜风味，表皮的颜色鲜艳多样，这是富含珍贵植物化学物质的标志。烹调豆类很简单，但还是得稍加留意，以保持豆子外形完整，并保有豆子的最佳口感：结实、软绵，而不会太硬或太烂。大豆的用途非常多，能制作各种不同的新鲜与发酵食品，从滋味清淡的豆浆和豆腐，到有着蘑菇般气味的丹贝和香气浓烈的味噌。

豆类在我心目中一直占有特殊地位，因为我一位朋友就是深受豆类的影响，进而激起我一头钻进食物写作的世界里。那是在1975年，我参加了一个家庭式的晚餐聚会，每个人带一道菜肴。当时有个来自路易斯安那州的文学院同学仰天长叹问道："为什么吃豆子容易放屁？"他就是因为这样而不得不放弃美味的路易斯安那红豆饭。为了这个有趣的好问题，我去图书馆找答案，而让人惊喜的是，我发现美国国家航空航天局（NASA）已经进行了许多相关研究，因为他们想知道所有会影响太空舱空气品质的因素。

自此，我的日常生活中打开了一扇奇特的科学之窗，让我深陷其中，无法自拔。

SEED LEGUME SAFETY AND COMFORT
豆类的安全与症状舒缓

豆类和谷物一样，以干燥的方式储存，而且通常沸煮之后就可以吃了，因此不容易发生食源性疾病。不过豆类煮熟之后，就和其他食物一样容易受到污染，此时就得一样小心处理。

煮熟的豆类菜肴在室温下不宜超过四个小时。这些菜肴得维持在55℃以上，否则就得尽快冷冻或冷藏。如果你希望豆类沙拉冷盘可以放得较久，可在上桌前淋上酸性的沙拉酱，抑制细菌生长。在室温下放隔夜的豆类菜肴，会在这段时间内产生连加热也无法分解的毒素，因此得丢弃。保存得当的豆类剩菜若要重新加热，温度得到73℃以上。

各种豆类的芽菜很容易引发食源性疾病。适合豆芽生长的温暖潮湿环境，同样也适合细菌生长，而且不会显露任何迹象。健康情况不佳的人不要生食豆芽。选择冷藏的豆芽菜并剔除看起来和闻起来不新鲜的部位。

有些人吃了蚕豆之后身体会生病。蚕豆症是一种遗传性疾病，患者对于蚕豆中的某些成分过敏，会引发严重贫血。

大豆制品对于有乳癌病史的人可能有害。大豆中的一些植物化学物质可能让病情恶化。

生的和未煮熟的豆子会让人不舒服，许多豆子中含有防御性的化学物质，会干扰消化系统，烹煮过程会把这类化学物质大都摧毁掉。

完全煮熟的豆子有时也会造成胀气，因为其中含有人类无法吸收的碳水化合物。但是消化道中的细菌却可以吸收，一旦这些细菌饱餐一顿，就会产生许多气体。

市售的抗胀气酶，根据临床实验，能够消除部分食用豆子之后所产生的不适。

想将豆子产生的肠道不适减到最低，需小心选择豆子并且完全煮熟。鹰嘴豆、黑豆和小扁豆含有的不消化物质比较少，大豆、海军豆和莱豆（皇帝豆）就比较多。延长烹煮时间可分解部分不消化的物质，使得它们更好消化。

为了消除所有豆类可能造成的胀气，可在烹煮前滤出一些无法消化的碳水化合物。把豆子放在大量清水中慢慢煮到滚，关火静置一个小时，然后把水倒掉再进行后续料理。也可以让豆子浸泡在大量清水中过夜，然后把水倒掉，再进行后续料理。

若能忍受胀气的情况，便能取得最完整的豆类营养。豆子在浸泡滤除不消化碳水化合物之时，同时也会丧失一些颜色、风味和营养素。人体内能消化这些碳水化合物的微生物也都是益菌。

BUYING AND STORING LEGUMES
选择与储存豆类

干的豆类可以存放好几年都不会坏，所以有些豆子已经存放数年。

老的豆子煮的时间也长。如果豆子存放在热而潮湿的环境下，会发生难以煮熟的问题，变得无法煮软。

试着选购最新鲜的干豆。详加检查包装在袋子或桶中的豆子，若有许多破碎、外皮损毁或变色的，就不要买。

干豆子要放在阴凉、干燥之处。热和潮湿也会使豆子不易煮烂，并让豆子容易变坏。

专卖店的豆子可能会比量贩的豆子贵，但是品质通常比较好，比起其他食物而言，仍是不错的选择。

如果要节省准备的时间，可以选择容易煮熟的小扁豆或去壳的豆子，例如去壳的豌豆、各种印度豆类等。这些豆子只要10分钟就可以煮软。

罐装或速食豆子是已经煮过的豆子，使用上虽然方便，但尝起来远不如刚煮好的。罐装豆子经过超高温处理，而速食豆子在冷冻干燥的过程中便失去了风味。

若要让罐装豆子的风味完全发挥出来，请检查标签，选择香料和盐分添加得最少的品牌。使用之前要彻底冲洗，再尝尝看，如果太咸，用温水浸泡一两个小时。

SPROUTS
豆芽菜

豆芽菜是清新、柔软、爽脆、味道清淡的蔬菜。很多种子都可以发成芽菜，生长期大约只需要3~6天，最常见的是绿豆芽、大豆芽和苜蓿芽。

豆芽菜需要冷藏，而且尽快食用。建议只买看起来最新鲜的豆芽菜，如果枯萎、发黄、有怪味或很明显坏掉的，就不要买。

豆芽菜储存之前，先拍干然后晾干，用毛巾略微包覆，再用塑胶带包好冷藏。

如果对于生豆芽的品质有疑虑，可用将近沸腾的温度煮熟，或直接丢弃。

自己发豆芽菜：

· 购买食用或发芽菜的种子，而不是种植用的。种植用的种子可能已化学药剂处理过了。

· 把种子浸在水中几个小时，然后冲洗沥干。

· 把种子放到发芽槽中，置于阴凉之处，几天后便可收成。发芽期间每天冲洗沥干种子数次，以免滋生微生物。

THE ESSENTIALS OF COOKING SEED LEGUMES 豆类烹调要点

豆类的烹调方式非常简单。洗净之后放到锅里，放入调味料和大量清水，加热到水滚之后，小火熬煮直到豆子变软。不过这个过程通常要花几个小时，也会使得豆子的外皮褪色、豆身破裂。有几种方式可以缩短烹煮时间，同时得到稳定的好结果。

干豆子的烹煮过程可分为两个阶段：水进入种子，让细胞壁和淀粉吸收水分；然后是加热，让豆子内部变软。种子吸收水分的时间，要比加热的时间长。如果种皮完整，就得花更多时间吸水。

若要让烹煮时间减少一半以上，先把豆子浸在盐水中几个小时或过夜，盐水浓度为每升的水放入10克盐。如果要煮得更快，事先泡过之后以压力锅煮10~15分钟。最省时间的煮法则是直接以去皮的豆子烹煮。

盐不会让豆子变硬，也不会让豆子无法煮软，不过会让烹煮过程变得慢。先以盐水浸泡豆子能加速烹调过程。若以干豆子直接在盐水中烹煮，盐分便会减缓豆子吸收水分的速度。

倘若豆子久煮不烂，就要检查水的软硬度。硬水含有许多钙，会让豆子无法煮透，这时得改用蒸馏水煮。

倘若豆子依旧久煮不烂，有可能是豆子的问题。这些豆子可能在生长期间遭遇不寻常的干热状态，或储存在潮湿温暖的环境下几个月。这些豆子无药可救，你只能换更可靠的品牌。

豆子的烹调方式：

· 豆子洗净之后，在水中挑去零碎的外皮、泥土、小石头以及体型特小的豆子，这些豆子通常都煮不软。

· 锅子底部要够宽，不要让豆子堆叠得太厚，这样豆子才能均匀受热，以免靠近锅底的部分煮得太烂。

· 水量要足够让豆子吸收，并稍微盖过豆子。如果豆子事先没有泡过水，豆子和水的比例是1：2，重量比或体积比都可以。如果豆子已经泡过水，豆子和水的比例就是1：1，然后再稍微多加一点水，因为烹煮过程中水分会蒸发。快煮好的时候要检查水量。

· 如果要均匀加热，把锅子放在炉上煮到将近沸腾，然后盖紧锅盖，放入93℃的烤箱。

如果要保持黑豆和红豆的色泽，煮的时候水尽量少加，这样从表皮溶出的色素会比较少。一开始仅以刚好的冷水来煮，烹煮过程中再不时添加热水以维持水量。

加热过程尽可能缓慢，如此较能保持豆子表皮完整。豆子先用盐水泡过，让植物组织逐渐膨胀。锅子慢慢加热到80~85℃，不要加热到沸腾翻滚的程度。待豆子煮软之后不要捞出，和煮液一起放凉之后再进一步处理。

为了避免豆子煮得太烂，煮到软硬适中时，可加入某些食材让豆子维持口感。这些食材包括各类的酸（醋、番茄、酒、果汁）、糖和钙。波士顿燉豆（Boston baked bean）中的酱汁就是酸酸甜甜，同时含有钙质。

豆子煮好后可以直接上桌，也可以制作成比较滑顺的豆泥。由于豆类含有淀粉，因此可以取出一小部分，去皮、捣碎之后搅入煮液中增稠，制成酱汁。

COMMOM SEED LEGUMES: AZUKIS TO TEPARIES
常见豆子：从红豆到宽叶菜豆

豆子的种类繁多，大多在商店或者网络上便可买到。

亚洲的豆类包括许多小而易煮的种类，会产生胀气的碳水化合物含量也低。这些豆子有日本的小红豆、印度的黑吉豆、中国和印度的绿豆以及泰国的米豆。

蚕豆的表皮很硬，在水中放一点小苏打预煮，便可轻易剥除表皮。具有地中海血统的人，有些吃了蚕豆会引发严重贫血。

鹰嘴豆具有独特风味，表面凹凸不平，吃起来有颗粒感。鹰嘴豆主要有两种：常见的大型奶油色鹰嘴豆源自欧洲与中东，在印度市场中较小的品种通常是深棕色或深绿色。

一般常见的白豆、海军豆、肾豆、红豆、黑豆、斑豆和意大利白豆都源自于墨西哥，现已散布到世界各地。这些豆类的颜色、大小、表皮、厚度、烹煮时间和质地，都不相同。

小扁豆有两种常见类型：扁而宽的大型种，颜色淡；小而圆的小型种，通常是深绿色或黑色。小扁豆是最容易烹煮的豆类，就算没有事先泡水，烹煮时间也不会超过一个小时，会造成胀气的碳水化合物含量也很少。

小型种小扁豆的煮法可比照一般白米，以少量的水来煮出粒粒分明的豆子。

印度红扁豆去皮，只需几分钟就可以煮出金黄色的豆泥。

莱豆通常是新鲜使用，不过莱豆的皮很厚，因此很少等它长到成熟才食用，也不常脱水干燥。

羽扇豆是豆类的近亲，但不含淀粉，而含有丰富的可溶性组织，通常含有苦味的植物硷，因此要换水浸泡数次才能将植物硷滤洗掉。

豌豆有绿色和黄色的，豌豆皮很硬，因此贩售时通常都会剥除外皮。豌豆很快就可煮成豆泥。

黑眼豆是非洲版绿豆，具有独特的气味和深黑色的环，烹煮之后不会褪色。

大豆原生于中国，蛋白质含量特别高，油脂也比淀粉多。大豆很少直接烹煮后上菜。它有很强烈的豆味，比起含有许多淀粉的豆子，大豆也不容易煮软煮烂，而且容易引起胀气。

宽叶莱豆原生于美国西南部，知道的人不多。这种豆子体型小、很容易煮熟，甜味出众，同时具有糖蜜的香味。

SOYMILK, TOFU, TEMPEH, AND MISO
豆浆、豆腐、丹贝与味噌

比起大豆本身，传统的大豆加工制品豆味比较少，较不会引起胀气，用途非常广泛。

购买前仔细检查保质期限，豆浆、豆腐与丹贝是容易腐败的产品。

豆浆是大豆泡水之后加水煮熟，再经研磨、沸煮、滤除固态豆渣之后制成，外观类似牛奶。豆浆中蛋白质与脂肪的含量与牛奶相当，但饱和脂肪的含量较低，也没有会导致人体过敏的乳糖和牛奶蛋白。

检查成分。许多豆浆都加入了大量甜味剂和香料。

豆腐是豆浆凝结而成的固体，味道清淡。中式豆腐是用石膏中的含钙盐类让豆浆凝固；日式豆腐是利用海水盐卤（制盐的副产品）中微苦的含镁与含钙盐类来凝固，用泻盐（硫酸镁）也可以。盐类会影响豆腐质地，口感可以硬实也可以如绢丝般柔顺细致。

储放未包装的新鲜豆腐要浸在水中，存放在冰箱中最冷的角落，每天换水。

豆腐可以用闻和触摸来确认是否还可以吃，如果有怪味或摸起来滑腻，就丢掉。

豆腐冷冻之后质地会发生改变，这是因为水会从固态结构中分离出来。

如果要让结实的豆腐有肉类的口感，并且更容易吸收风味，可在烹调之前先冷冻，待解冻之后再切块，然后挤出水分。冷冻时，水会结成冰晶，迫使原本的固态蛋白质形成网状结构，产生空洞，这有利于富含风味的煮汁进入其中。

丹贝是将煮熟的大豆压成薄饼，以特殊的霉菌发酵而成。丹贝比豆腐还干，具有宜人的菇菌类香气，油煎之后会产生肉类的香味。

丹贝冷藏后质地不会发生改变，存放的时间几乎也没有限制。

可以通过闻和触摸来辨别丹贝是否还可食用，如果有怪味或摸起来滑腻就丢掉。如出现黑色或白色的点状物乃霉菌生长的正常迹象，可安心食用。

味噌是大豆和谷物（通常是米和大麦）一起发酵后，所制作出富含风味的糊状物。味噌的颜色和风味非常多变，深色的味噌发酵时间较久，风味比较强烈。味噌能提供咸味、甘味、酱油香味，通常还有凤梨的风味，还能作为液体的增稠剂。

确认包装上的成分，避免使用劣等的工业味噌，那是用玉米糖浆和酒精制成的。

味噌冷藏后保存没有期限。粉末状的味噌开封之后要密封冷藏。

使用味噌快速制成汤底，也可用来为汤汁和酱汁调味。味噌还可以调制成糊状，用来腌渍鱼类、肉类和蔬菜。

第四章

CHAPTER 4

NUTS AND OIL SEEDS

坚果与含油种子

坚果是含有大量油脂的种子，能为我们提供重要的基础风味。

坚果是含有大量油脂的种子，能为我们提供重要的基础风味。烤熟的坚果会散发出独特的坚果香味，这是因为坚果中的蛋白质和糖类受到坚果中的油脂加热产生的。

坚果大多不会太硬，可以生吃，高温下则能快速变得酥脆；谷物和豆类没有这个特性。坚果与含油种子中含有大量的油脂，而不是淀粉，因此在咀嚼时能够产生滋润感，磨细之后则如乳脂般绵密细滑，英文字尾通常会加上butter（奶油）；若再加入液体一起研磨，则能制造出坚果奶或坚果鲜奶油。可取代乳品制成不含乳的酱汁和冰淇淋。

坚果大多是乔木的种子，包覆在坚硬的核壳内部。其轻薄的褐色种皮带有涩味，因此种皮都会除去，使坚果的外形和风味更加出色。

然而，种皮也含有丰富的抗氧化物，坚果对于心血管健康的益处可能就是由种皮带来的。核桃中含有大量重要而少见的w－3脂肪酸，吃几个核桃有助于平衡菜肴或肉类中的脂肪比例。

让坚果美味的油脂，同样也容易让坚果变味，产生类似纸箱或油漆的味道。真正风味新鲜的坚果，不论生熟，都不容易找到。因此要是我真的得到了一些优质的生榛果、核桃或杏仁，我会在早上煮咖啡的时候烤一些，此时厨房中会充满美妙的香气和温暖坚果的美好风味。我甚至欣赏坚果烘烤时发出的声音：那是坚果温度升高到油煎的温度时，水分蒸发而发出来的嘶嘶声，犹如坚果轻盈的哨声。你是否听过带壳的南瓜子在烘烤后冷却下来时所发出的声音？在这一两分钟的时间内，瓜子壳中的空气会收缩，使得薄薄的瓜子壳碎裂，这种细致的声音如同低声诉说着秘密一般。

NUT AND SEED SAFETY
坚果与种子的安全

坚果与种子是最干燥的食物之一，通常不适合细菌生长，因此一般而言并不容易引起食源性疾病。不过在处理过程中如果遭受不寻常的污染，就另当别论了。

坚果是引发严重食物过敏的常见源头。

如果你的菜肴里含有坚果，记得要告知食用的人。

有些坚果容易受到霉菌感染而产生黄曲毒素。这是一种致癌物质，长时间食用可能会增加罹患癌症的风险。

枯干、变色或出现怪味的果仁就直接丢弃，这些坚果可能已经受到霉菌污染了。

BUYING AND STORING NUTS AND SEEDS, BUTTERS AND OILS
挑选与储藏坚果、种子、坚果酱与坚果油

坚果和种子就算存放数月也不会坏，但是由于其中含有多元不饱和油脂，空气中的氧气很容易和这类油脂起反应，使得坚果与种子慢慢走味和酸败。

坚果要放得久，就要买新鲜带壳的，通常是在夏末与秋天采收。老的坚果会皱缩，因此要选购手感沉重的，并储存在干燥阴凉处。

去壳的坚果和种子要保存在密封不见光的容器中，然后冷藏或

冷冻。要打开取出之前，先恢复到室温。

如果坚果和种子装在桶里散装贩售，或装在透明包装中，要挑选颗粒完整，且内部呈现不透明乳脂色的。如果内部已经变得透明或发黄，就表示已经酸败，同时也注意是否有受到霉菌感染的迹象。如果可以，最好闻一闻或试吃。倘若散发出不新鲜的纸箱或油漆气味，就千万别买。

购买已经烤好的坚果和种子时，要避免种子边缘颜色变深，那会有怪味。大部分坚果和种子富含油脂，因此可以干烤而不必另外加油。若额外添加烹饪用油会增加油腻感并且造成怪味。

买坚果酱时，要检查成分标签，看看有没有添加糖、香料和脂肪。不要买含有氢化油的产品，这种油脂含有危害健康的反式脂肪酸。

坚果油和种子油含有独特的风味，因此可取代一般的食用油，用来作为生菜沙拉或蔬菜的淋酱。

在购买富含风味的坚果油和种子油时，要选择用榨油机或冷压法从烤过的坚果所榨出来的产品。以溶剂萃取的油所含有的风味物质通常较少，不过所含的过敏性化学成分也较少。

坚果油和种子油要用不透明的容器盛装冷藏，因为其中珍贵而脆弱的脂肪酸会让坚果油比一般的油脂更容易酸败。

THE ESSENTIALS OF COOKING NUTS AND SEEDS
坚果与种子的烹调要点

坚果和种子可通过干热驱散内部水分，让肉质变脆，并以其内部或外添的油脂加热后而产生独特的坚果风味。

要让坚果和种子达到绝佳风味，在即将上菜之前才把它们加热到内部呈现金黄色即可。倘若变成了棕黑色，就会产生恼人的苦味。烤好的坚果在一两天内风味就会减弱，然后开始走味、酸败。

坚果皮是位于种壳和种子之间的薄层，有些种皮很坚韧，紧紧黏附在坚果上；有的则脆而容易剥除。这些种皮含有单宁会造成涩感，所包含的色素在经过烘焙之后则会出现蓝紫色，不过种皮也含有丰富的抗氧化物，有益健康。

不要剥除种皮。如果这些种皮不会影响菜肴的外观或风味。

如果要去除种皮（例如花生、榛子），可先稍微烤一下，然后用粗糙的厨房毛巾把皮揉掉。

杏仁的种皮较厚，可将杏仁放在滚水中煮30~60秒，再放到冷水中，就可以将皮剥除。

核桃和美洲山核桃的种皮很难完全剥除，若要降低种皮的涩味和色素，可以把核桃以沸水滚煮30~60秒，然后立即沥干并烘烤。

栗子的种皮很硬，沸煮或烤过之后会变软，较容易剥除，或像剥除苹果皮般削除。

把坚果和种子烤得香酥焦黄，先放在烤盘上，以中温（175℃）烤箱烘烤10~15分钟。用一点油以中火持续翻炒直到稍呈金黄色也可有同样效果。如果要用烤的，要放置在最低层的烤架，上面覆盖一层铝箔，防止直接从上方受热。

坚果和种子也可以用微波炉烘烤，选用低或中功率，每一两分钟就检查一次，快要烤好时检查的频率要增加。只要多了几秒钟，就有可能导致某些地方烧焦。

若要在坚果表面裹上盐、糖或其他调味料：可在碗的内部抹上油或融化的奶油，接着把煮好的坚果放到油或奶油中搅拌，倒出并吸除过多的油，之后放入新的碗中，加入调味料搅拌。或在碗的内部抹上稍微打过的蛋清或玉米糖浆，将坚果倒入与蛋清或玉米糖浆搅拌，再拌入调味料，之后平铺于盘子或烤盘上，放入低温烤箱中烤干。如果只要加入盐，可把盐溶解在少量的水中，坚果浸入之后再烤干或晾干。

若想干净利落地切开坚果，先用烤箱或微波炉把坚果加热到松软，然后在放凉变脆之前，以非常锋利的刀切开。

新鲜的坚果酱是由生的或烤过的坚果或种子研磨而成，可用食物处理机、大功率的果汁机或压入式的果汁机来研磨。自制的坚果酱很少能像市售的那般细致滑顺。

制作坚果糊的时候，得把坚果或种子研磨到能够彼此黏结的程度，以形成坚实的块状物。

若要制作质地细腻的杏仁糊，得加入粉糖来吸收持续研磨时杏仁所释出的油脂。如果要制作不甜的杏仁糊，可以用玉米淀粉取代粉糖。

如果要制作成坚果酱，可以把坚果糊多研磨几分钟，直到坚果释出的油能够润滑颗粒，让整个糊状物能够缓慢流动。核桃、美国山核桃和松子的油脂含量丰富，很快就能从糊变成酱。

其他比较硬的坚果不容易磨碎，有时还会残留粗的颗粒。

坚果奶是坚果中油脂和蛋白质悬浮在水中，风味十足，有益健康，能够取代饮品、冰淇淋和其他菜肴中的牛乳。制作时若先去除会让颜色发生变化的种皮，成品看起来会更像牛乳；倘若烘烤过，气味更香。

坚果奶的制作方式：

· 把烘烤过、去皮的坚果放入果汁机或食物处理机中研磨，加入适量热水，让坚果颗粒保持油润并且能够滑动。

· 当颗粒研磨到非常细小时，可加入足够的水，制成稀薄、牛奶状的液体。

· 用滤布过滤，并把留下的固体挤干。

· 剩下的固体物质可在中温烤箱烘烤之后，用来取代部分面粉，加入饼干或烘焙食品中。

COMMON NUTS AND SEEDS: ALMONDS TO WALNUTS
常见坚果与种子：杏仁到核桃

杏仁很容易去皮，含有非常丰富的维生素E。由于采收与处理过程有可能受到沙门氏菌的污染，现在美国贩售的杏仁都要经过高温消毒。标准的甜杏仁气味温和。

杏仁萃取物是安全的浓缩香料，由具有苦味的杏仁提炼而成，这类杏仁含有氰化物，不论吃下多少，都会造成严重的伤害。杏子、桃子和樱桃核都有类似的香味与风险。

巴西核桃体型较大，含有丰富的硒，这种元素人体不可或缺，但吃多了会产生毒性。适量食用巴西核桃有利于身体健康。

腰果要比其他坚果含有更多淀粉，很适合用来煨汤、燉菜和增稠其他布丁类的点心。

栗子储藏能量的物质是淀粉而非油脂。新鲜栗子充满水分，容易变质，烤熟之后呈粉状而失去酥脆感。栗子干燥磨成粉之后，能混入面粉中用来制作糕点或其他富含淀粉的食品。

要挑选结实坚硬的栗子。新鲜栗子买来之后要在室温下存放一两天，好让一些淀粉转换成糖，然后密封好冷藏，并尽快食用。

烤栗子时在栗子底部切一个小口，让蒸汽能够散出。使用中温烘烤，烤到栗子外壳脆裂到能够剥开为止。

椰子是热带植物的种子，重达一两公斤，具有木质的外壳，内部的成分刚开始是液态，后来会转变为牛奶般的胶状，最后成为结实、滋润、多汁的果肉。

要挑选手感沉重的椰子，摇晃时要有水声。打开椰子时准备锤子和螺丝起子，先在椰子一端钻两三个洞，倒出里面的汁液，然后用锤子把椰子敲破成数片，将椰壳内侧的椰肉刮下或切下，并把附着在椰肉上的棕色皮层剥下。食用前要冲洗。

椰奶的制作方式，是把成熟椰子中取出的椰肉（或拿干的碎椰肉）加入热水后加以磨碎、敲打或进行其他处理。椰肉糊加以揉捏之后，以滤布分离汁液与固体物，液体静置后会分成乳脂般的丰厚上层，以及牛奶般的稀薄下层。固体物可再加入清水，重复这个过程。

罐装椰奶通常会加入稳定用的面粉或淀粉，不具有新鲜椰奶那种乳脂般的黏稠度和完整风味。

亚麻籽小而扁，质地坚硬，通常用来加到其他食物中增添营养和风味。亚麻籽含有人体不可或缺的w-3脂肪酸，是植物中w-3脂肪酸含量最丰富的，同时还有大量的可溶性纤维，这种纤维在水中呈胶状，有助于稳定一般的乳化液和泡沫。亚麻籽食用前要压碎、研磨，以实现最大化吸收。

榛子含有丰富的维生素E，经烘烤、煎炸或水煮之后，其独特的风味会更加凸显。榛子的中心是空的，内部表面很容易烧焦，烤的时候要使用低温并且经常检查。

澳洲坚果的壳很硬，通常在包装贩售之前就已经剥除。选择密封包装的，如果发黄就表示酸败，不要购买。

花生在美国主要被当成零食或孩童的食物，但在亚洲和非洲，花生是可以让酱汁、汤和燉菜变得更丰厚黏稠的重要食材。花生有几个常见品种，维吉尼亚种的风味最受好评。美国南方习惯把花生连壳在水中煮熟，这样带有香草的风味。带壳花生如果长霉或有霉味就要丢弃，因为花生生长在土里，很容易受到污染。对某些人而言，花生会引起非常严重的过敏反应，因此花生入菜时要特别声明。

松子是各州大陆松树都会结出的种子。亚洲种松子含油量高达3/4以上，美国和欧洲种的松子则少一些。所有种类的松子都很脆弱而容易酸败，因此要存放在阴凉处，并尽快食用。松子很容易烤焦，因此烤的时候要非常专注，且得用低温烘烤。

开心果具有菜绿素所以呈现绿色，这在坚果中很少见，生长在高海拔且趁幼嫩时采收的更绿。若要保留开心果的绿色，加热时要温和，而且时间要短，只要够干够脆即可。

罂粟子就是鸦片原料罂粟的种子，其中微量的鸦片成分会在药物测试中检测出来，因此不要让即将参赛的运动员食用。罂粟子在食用前要先检查，细小种子所含的油脂有可能在处理过程中变质，此时通常会产生苦味或胡椒味。

南瓜子和开心果一样，因为含有菜绿素而呈现绿色，轻烤可以保持菜绿素。南瓜子有独特的风味，接近肉类的风味。有些南瓜子的壳很厚，有些南瓜子则已经去壳，方便食用。去壳的南瓜子在烘烤时容易烧焦。南瓜子油的外观很醒目：放在碗中是深褐色的，但粘在面包上则变成深绿色。

芝麻油有白色和黑色的，烘烤之后更能凸显其独特风味。芝麻是中东塔西尼芝麻糊（tahini）的主要原料。麻油是从烤过的芝麻中取得，非常稳定而不容易酸败。芝麻很小，容易焦，烘烤时要特别小心。

葵花子含有丰富的抗氧化物和维生素E。

核桃和美国山核桃是远亲，却有相似的裂瓣和纹路，也都含有大量人体不可或缺的脂肪酸，同时也很脆弱、容易酸败，需要储藏在阴凉处。挑选种皮颜色淡或红色的，这种涩味比较少，或用热水烫以减少涩味。烘焙食品中若加入了核桃或山核桃，一经烘焙便会变色，避免出现上述情况的方法是核桃烘烤过再加入。核桃烘烤后，趁热用质地粗糙的厨房毛巾把大部分种皮擦除。

第五章

CHAPTER 5

BREADS

面包

坚硬的谷物化为柔软的面团，再形成外表香脆、内部柔软的面包。

面包是经由厨师巧手，将坚硬的谷物化为柔软的面团，再将外皮烤得香脆，内部蒸得松软。面包或紧实而扁平，或轻软而蓬松，或滋润或干燥，或酸或甜。最松软的面包是发过的，是由内部酵母菌所产生的细小气泡或简单的化学反应所膨发。

20世纪70年代我学习制作酵母面包时，标准程序要揉面团10~15分钟，好让面团有弹性，并且发得轻盈松软。现在你依旧可以这样费力地制作面包，但其实大可不必。烘焙师傅已经了解，面团就算不揉捏或只是稍作揉捏，依然会轻盈松软。所以，制作面包虽然还是得花费数小时，但大多工作是由酵母菌来完成。

制作美味面包的关键之一，就是要知道面团膨发到什么程度才可切块整形，送进烤箱。烤箱的热量会让面团膨胀得更高、更蓬松。我发现烤出好面包的方法，就是经常练习，这样就知道什么是不足，什么是过头以及什么是刚好。

我在20世纪90年代发现湾区Acme面包店的面包非常好吃，由于想知道其中诀窍，就开始自己做面包。结果一整年下来我几乎天天都在做面包，原因之一是我想熟悉所有制作细节，不过主要还是因为我喜欢做面包。每天早上我都迫不及待要起床看看昨天的面团发得如何，或聆听充满弹性的面包内部冷却收缩、外皮裂开所发出的声音，并感受刀子切过面包时充满弹性的感觉。

烤面包充满乐趣，但的确需要事先计算并花上一些时间。不过你也可以在短时间内制作出可口的薄饼。面团多准备一些，好确定至少有一些面包能够真的端上桌。

BREAD SAFETY
面包的安全

面包是完全熟透的食物，除非放太久放到长霉，否则通常不会有安全问题。

发霉的面包不要吃，长霉如果只有一部分长霉，吃的时候把长霉的部分与周围大片范围都切掉，闻闻看，没有味道再吃。霉菌的菌丝会伸展又深又黄，深入面包内部，但是眼睛看不到。

烫伤是做面包时最常见的风险，在将面包放入或移出高热烤箱时，要穿长袖的衣服，然后用干布巾或戴上隔热手套拿取。

SHOPPING FOR BREADS AND BAKING INGEDIENTS
挑选面包与烘焙食材

有两种没有调味的面包。

用塑胶袋包装好的整块或切片面包，通常是大量生产的，酵母菌是用来添加风味而不是让面包膨发。大量生产的面包内部有紧实、如蛋糕般的质地，以及柔软、带着嚼劲的外皮，通常上架时已经做好了数日，含有可延长保存期限的添加物。

用纸袋包装的整块面包，通常不是大量生产，并由酵母菌来进行膨发。这种面包内部空隙较大而不规则，外皮香脆，通常当天烤当天卖，即使有防腐剂也是非常少。

大量生产的面包很方便，品质稳定。少量生产的面包则带有新鲜烘焙的质地与风味。

如果面包买来要存放好几天，就选择酸面团或老面面包，因为其中的酸味可减缓走味的速度。

制作面包时，要仔细阅读食谱，确定买到正确的食材。不同种类的面粉和酵母菌，并不是一直可以彼此替换。

购买最新鲜的面粉与酵母菌，并检查最佳赏味期。如果买全谷类面粉，可试试冷藏的袋装产品。

SHOPPING FOR BREADS AND BAKING INGEDIENTS
面包的保存与恢复

新鲜面包经由高温烘焙而成，内部干燥不适合细菌生长，因此面包不像其他食物一样容易腐败。但如果要保存得当，也要费一点工夫。

面包烤好之后，会坏掉的原因通常有二：一是霉菌生长而腐败，二是老化走味或质地变硬。

面包的表面如果够潮湿、温暖，就会长霉。这种情况会发生，通常是面包封在塑胶袋中，然后摆放于室温下。

面包会老化走味，则是因为在烘烤过程中被拉长的淀粉分子又缩了回去，进而形成更为结实、坚硬的结构。面包在室温下会逐渐老化，冷藏时老化的速度快得多，冷冻时则非常慢。虽然面包干燥了之后也会变硬，但那是和老化不同的程序。

新鲜面包若要放置一两天，可存放于面包盒内、透气纸袋中或料理台上（切面朝下放在砧板上以减缓变干的速度）。酸面团可以放置数日。切面可用铝箔包好，以免吸收木板的气味。

新鲜面包若要存放好几天，就密封冷冻，此时面包的质地会比冷藏还要硬得多。

解冻面包时，拆开包装，把面包放在室温置于架上，或用120℃烘烤。

面包老化之后要恢复弹性并不难，加热到70℃以上即可，如此能让淀粉重新伸展开来。不过重新加热也会蒸发掉一些水分，因此面包会变得比较干。

要让整条或半条老化的面包恢复弹性，先在面包皮喷水以免烧焦，然后放入中温烤箱烤15分钟，直到内部变得温热柔软。

若是要让几片老化的面包恢复弹性，可直接放入烤面包机烘烤。烤好之后表面干酥但内部是柔软的。

老化的面包质地结实，适合制作面包丁、面包沙拉、布丁、法国吐司，这些料理如果用新鲜面包来做就会散掉。

BREAD INGREDIENTS: FLOURS
面包食材：面粉

大部分的面包由小麦粉制成，面粉含有独特的麸质，具有延展性与弹性，能够包覆气泡，产生轻盈、松软的质地。

高筋面粉做出的面团具有强韧的麸质，面团很有弹性，能发得很好。低筋面粉揉制出的麸质脆弱，面团拉长时很容易断裂，而且发得效果不好。

不含麸质的面包通常以米粉加上三仙胶来取代小麦面粉，三仙胶能够包覆一些气体。

不同的小麦面粉制作出的面包品质，差异可以非常大，吸收的水量也可以有很大的差距。

尽量使用食谱指定的面粉种类，如果要更换面粉种类，就得调整水分的比例，而且效果未必良好。

精制面粉包括中筋面粉以及高筋面粉，其中小麦里富含纤维的麸皮外壳和油脂丰富的胚芽都已经去除，因此几乎全是蛋白质和淀粉。

漂白面粉经过化学处理，颜色较淡，麸质也比较多，但是失去了少量的营养成分和风味。大部分手工面包师傅偏好使用未漂白的面粉。

中筋面粉是制作面包最常用的面粉，也最容易买到，不过不同的地区与品牌的麸质含量并不相同，因此改用其他品牌，有时得调整比例。

高筋面粉所含的麸质比中筋面粉多，因此需要较多的水分，制作出的面团较有弹性，发得较好，面包也有嚼劲，并且带有独特的淡淡鸡蛋风味。

全麦面粉保存了小麦的麸皮和胚芽，带着棕色，有强烈的谷物风味，并含有较多营养成分（维生素、矿物质、抗氧化剂），不过这种面粉做出来的面团麸质较少，口感也比较密实而湿润。白色小麦品种磨出的全麦面粉（以及做出的面包），风味比较柔和。

市售的全麦面粉容易走味并且产生苦味，要买最新鲜的全麦面粉，并尽可能保持新鲜。

自发面粉不适合用来制作用酵母菌发酵的面包，因为里面已经含有可让面包和煎饼快速膨胀的发粉。

非小麦磨成的粉（裸麦、大麦、米）可增添面包风味，但面团会比较松散，且让质地变得密实。如果要维持一定的松软程度，这些粉不要超过总量的1/4。

小麦蛋白是纯化的麦麸蛋白。倘若面团麸质不足，或添加了会让质地松散的脂肪和糖，可以加几匙小麦蛋白以增加弹性，让最后做出来的面包更为松软。

所有面粉都需装在密封容器中，避免接触空气与阳光，并把袋子中的空气尽量压出。全麦面粉特别容易变质，密封之后要冷藏或冷冻，开封之前要放到室温下回温。

BREAD INGREDIENTS: WATER AND SALT
面包食材：水和盐

水几乎占了面包面团一半的重量。在食谱中，水和面粉的比例非常重要，会直接影响面团的揉捏方式和面包质地。

干的面团结实而容易揉捏，做出来的面包比较密实，有着细小而均匀的气泡。

湿的面团柔软会粘手，但是很容易膨发，做出来的面包质地松软，里面有许多大而不均匀的气泡。

水中的化学成分也会影响到面团与面包。硬水中的矿物质让面团更具弹性，碱性的水也多少具备相同的效果。

酸性的水会减弱面团麸质的延展性，含氯量高的水则可能减缓酵母菌及酸面团菌种的生长速度。

盐可以让面包具有均衡的风味，并且凸显出独特的香气，也会影响面包的结构和口感。盐还会稍微削减面团的黏性，也使麸质更具延展性、面包更松软。在酸面团中，盐有助于抑制产酸的细菌，而酸会让麸质的延展性减弱。

再三检查食谱中所指定的盐，如果你使用不同的盐，就要调整分量。通常一茶匙粒状食盐的分量相当于两茶匙的薄片犹太盐。良好的比例是400克的面粉用250毫升的水，加入8克食盐，如果按量算，则是三杯面粉配上一杯水，加上一茶匙粒状食盐。

BREAD INGREDIENTS: YEASTS
面包食材：酵母菌

酵母菌是活的微生物，能够产生二氧化碳，并且让面团充满气泡和气味。市售烘焙用的酵母菌有三种形式，拿来当成营养补充品的酵母菌不是活的，不能拿来发面包。

新鲜酵母会裂成潮的饼状，以铝箔包起。这种酵母菌会腐坏，必须冷藏。使用前先用20~27℃的水混合，让酵母菌复苏。

活性酵母会裂成颗粒状，通常放在密封的袋中，只要没有开封，都可以在室温下存放。使用前先用40~43℃的温水混合，让酵母菌苏醒过来。

水的温度如果超过60℃，会杀死酵母菌，使得面包无法膨发。

即发酵母的作用类似活性酵母，但是可以直接和食材混合，不需要提前复发。

酵母菌的比例能够决定面包发起的速度，以及面包的风味，依照食谱的不同，膨发情况可以差至少十倍之多。

酵母菌少的配方，面团发起得速度慢，成品会有细致的谷物风味。酵母菌多的配方，面团发得快，成品会有强烈的酵母风味。袋装酵母菌的风味可能很强烈，会盖过谷物的风味。

BREAD INGREDIENTS: PRE-FERMENTS AND STARTERS
面包食材：预发酵面团以及面种

预发酵面团以及面种，都是让酵母菌在面团中活跃地生长数小时以上所制成，然后再混入新的面团。不同面种有不同的名称，包括sponge、levain、biga和poolish。

使用预发酵面团与面种制作出的面包，风味复杂，保存期限也较长。因为面种能够减少或消除袋装酵母菌的强烈味道，并且会吸收产生风味的细菌。这种细菌造成的酸能够减缓面包老化与腐坏的速度。

制作预发酵面团，是用少量市售酵母加入面粉和水，放置数小时后制作而成。液态不仅能加快面团的发酵速度，而且这种速度比固态加盐的还快。

制作酸面团时，不要使用市售酵母，而是让面粉和水混入其他各类食材（通常是水果、牛奶或蜂蜜），以此促进酵母菌生长。在这个过程中，无害的细菌会生长并且产生酸，让面团出现酸味。

酸面团面种的制作与保存并不容易，要花费数日才能让膨发面团的酸酵母菌生长到足够多的数量。如果面团中加入太多的酵母菌，酵母菌便没有足够的养分，会导致面种变得太酸，反而抑制酵母菌的生长，同时也减弱了面团麸质的延展力。这样做出的面包质地会变得密实而非松软。

如果面种太酸，可以先取一点，加入数倍分量的水和面粉，然后定时加水和面粉。剩下的酸面团可加入一些小苏打来中和酸性，用来制作美式煎饼。

如果想把面种养得好，每日要在半液态的面种中加入清水和面粉两次，并把空气搅打进去，同时用掉或丢弃一些旧的面种，这样才有空间加入新的水和面粉。如果这个办法不可行，那么就加入更多面粉，做成硬面团然后冷藏，之后每隔几天拿一些生长缓慢的面种重新繁殖。

面种要拿来制作面团，得先确定里面有冒出气泡，才表示酵母菌生长得健康良好。

如果面种放在冰箱中休眠，使用前先拿出来放置一两天，好让酵母菌生长。

确保面团中加入足量的盐，细菌产生的酶会让麸质软化，盐能够抑制这种酶的作用。

用室温的面种来发面，温度控制在20℃左右，这个温度适合酵母菌生长。

如果要使用预发酵面团或面种，发酵和烘焙的时间就要调整，每一种预发酵面团与面种所需时间都不一样。

OTHER COMMON BREAD INGREDIETS
其他面包食材

烘焙师傅还会使用许多其他食材，调整面团与面包的品质，让面包的风味更丰富。

维生素C（抗坏血酸）能加强麸质的结构。

卵磷脂能减缓面包老化的速度，并且让面包质地结实。

其他食材大多会破坏麸质结构，使得面包密实而柔软，这些食材包括坚果、谷物和水果干。此外：

糖和蜂蜜会让面包变甜，同时易于保持水分，并减缓老化的速度，少量的糖或蜂蜜可以刺激酵母菌生长，但是糖分若太多则会减缓酵母菌的生长速度。

油脂会减缓水分流失的速度，同时提供面包特殊的湿润感。

牛奶和其他乳制品会提供奶香，并加快褐变速度，乳制品中的蛋白质与乳糖在烘焙时也会产生更多风味。

全蛋和蛋黄会增添风味与油脂的湿润感，加深面包的颜色，并减缓老化速度。

THE ESSENTIALS OF MAKING YEAST BREADS
酵母面包制作要点

制作优质的酵母面包，需要好的面粉、适当分量的水和生命力旺盛的酵母菌，再加上正确的时间，并且灵活处理这些材料。

盐量依照食谱指定的重量，使用准确的秤来称重，由于面粉包装有紧有松，因此同样重量的面粉，体积也不一定相同。你在厨房用量杯量出的面粉分量，可能和食谱作者指定的量有不少差距。

食谱中水与面粉的比例会决定面团的黏度和面包的质地。面粉的种类也很重要，原因之一是不同面粉的吸水程度不同。高筋面粉比中筋面粉更能吸水，全谷类面粉比精制面粉吸水性更强。

贝果中水和面粉的比重是1：2，以此制作出的面团非常结实，进而烘焙出十分密实而有嚼劲的质地。

标准的白吐司含水量约65%，这样的面团结实又容易揉捏，面包的质地密实而均匀。

法棍面包含水量约70%，这样的面包延展性高，内部的空隙也更大。

意大利拖鞋面包含水量约75%，这样的面团很粘手，不容易揉捏，内部的孔隙大而不均匀。如果使用的是吸水性高的高筋面粉，相同的含水量可以制作披萨面团，这种面团很容易揉捏与伸展开来。

如果含水量更高，介于80%~90%，这样的面团可以拿起和折叠，但是无法揉捏。放入烤箱时可能会扁塌，烘烤后却如同舒芙蕾一样膨胀起来，烤成湿润而形状不均匀的面包。

一般家用面包的食谱，分量通常都只是做几个面包。此时只要面粉和水的分量增加或减少几匙，就能让面团变成疏松的意大利拖鞋面包，或质地结实的白吐司。

制作面包有五个步骤：

· 干湿食材混合后，制成面团；

· 揉捏面团直到产生足够的弹性；

· 让面团发起，并再次揉捏进一步加强面团弹性；

· 然后把面团制成适当的形状；

· 拿去烘焙。

制作面包的过程有几种常用的方法，每一种都有其优点与缺点。

以手工混合食材、揉制面团，花费30~45分钟，事后需要清洗双手。

以桌上型搅拌器或食物处理机混合、揉制面团，省下10~15分钟的手工时间，也不太需要清洗双手。

“无揉捏”混合法，省下手工操作与清洗时间，制作的面包也能和手工机器一样好。

快速发面法，几个小时之内便能把面粉变成新鲜烘焙的面包，但是需要大量酵母菌、温暖的发酵温度，成品会有强烈的加工酵母味。

慢速发面法，使用少量的酵母菌或面种，花很长的时间让酵母菌生长、产生风味，制出的面包风味更佳。过程中许多步骤的时间都很有弹性，但是需要事先规划，因为有些步骤要花一整天或一整夜。

面包机能够自动完成混合食材、揉捏、发面、烘焙的程序，节省时间和清理工作，但是无法做出完美的质地和风味。

你得找到最适合你的个人做法，试验各种食谱，采用最适合你烹饪与生活的方法。

MIXING AND KNEADING DOUGH
混合食材、揉捏面团

混合面粉、水、酵母以及其他食材，制成面团。此时麸质蛋白质也会连结起来，形成能够包裹气泡的结构，让面团内部松软、充满气体。

手工制作面团时，如果想要减少清理上的麻烦，可在大而浅的碗中混合食材与揉捏面团，然后把制好的面团放到深的碗中发面，这样只要用软的塑胶刮勺清理碗具即可。

桌上型搅拌器在混合食材与搅拌面团时，要在一旁看着。有时候面团会爬高而粘住机器，导致机器在料理台上移动。

如果要在一分钟之内把面团混合好，请使用食物处理机。小心搅拌过头，或温度过高。一开始用冷水，再很快淋入刚好足以形成面团的水量，让面团冷却到20~25℃之后才加盖让酵母菌发酵。

揉捏新做好的面团，以增强麸质结构。而重复延展面团可以增加麸质捕捉空气的能力，增加面团中的小气泡。这些气泡在发酵和烘焙的时候会膨胀。

揉捏这个过程可以省略或调整。在发面时气泡膨胀的过程中，面团中的麸质也会得到伸展与强化。

酌情揉捏面团，如果你喜欢看到与感受面团随着揉捏过程越来越有弹性，那么就做吧。面团发得很快（几个小时之内），尤其需要揉捏，因为面团延展的时间很短，充分揉捏能够帮助麸质捕捉空气。

尤其如果你时间不多，可以省略或缩短揉捏过程，只要面团发面超过一整夜，更可以如此。

如果面团太湿难以揉捏，可以拉长、折叠，用手、锤子或刮勺把面团的边缘拉长再折叠到面团上。沿着面团边缘如此操作一回，然后让面团醒一下，如果有必要或食谱有指示，再重复这个步骤。

FERMENTING DOUGH

面团发酵

发酵或膨发的过程中，酵母菌会生长，并且让面团中充满二氧化碳的小气泡。发酵可能需要1~2个小时，也可能超过24小时，发酵时间由酵母菌的量、面种活性以及温度所决定。

面团要放到深而窄的碗中发酵，碗的容量至少要有面团的3倍。深而窄的碗有助于面团保留发酵产生的气体，并让麸质结构完全伸展。碗要加盖以免面团变干。

面团的温度会对膨发的时间和面包的风味产生巨大影响。酵母菌是活的细胞，在温暖的情况下非常活跃。在较冷的室温下，酵母菌生长、膨发缓慢，会产生比较细致而复杂的风味。较高的温度会加快酵母菌制造气体的速度，并产生较强烈的风味。每增加6℃会使发酵时间减少1/3。

若要加速发酵，把面团放到温暖的地方，约27~30℃，这样面团便会产生强烈的酵母菌风味。

若要使面包有着较为细致而复杂的风味，那么就在较为阴凉的地方膨发，温度约20~25℃或更低。

让发酵中的面团膨发到很大，用手戳戳看，觉得松软而非密实，有弹性即可。

沿着边缘把面团刮下，轻轻揉捏让面团缩小一点，使麸质的结构得以重整。如果你有时间重复膨发、刮下这个步骤，可让麸质与风味发展得更充分。

冷藏是减缓发酵的好方法。

冰箱的温度会减缓酵母菌的代谢作用，让面团膨发得慢。低温也使面团比较结实，容易处理。

面团冷藏后可以放置数日后才烤。你可以先混合好一大块面团冷藏，之后数日每天拿出一部分来烘烤新鲜面包。

如果要使面包内部结构比较疏松，在最后的发酵步骤之后，将面团放到冰箱中冷藏12~24小时。冷藏时面团中的气体会重新分布，会形成数量较少、体积更大的气泡。

FERMENTING DOUGH
面团整形与膨发

让面团有时间醒一醒。当你分切发好的面团，并塑造适合的形状时，可以短时间暂停一下，让每块面团可以醒个几分钟。面团一经拉长便会缩回，而且不容易塑形，但在醒面的时候面团就会放松很多。

如果要制作结构细致而密实的面包（通常用来做三明治或会存放好几天），那么就要把面团塑形成大而密实的面包团。

如果要制造内部疏松、孔隙大小不均，而外皮香脆的面包，那么就得制作长条或小型的面包，例如法国棍子面包、意大利拖鞋面包或面包卷。薄或小的面包团在烤箱中膨发的速度比较快，形成外皮的面积也比较大。

如果要面包内里比较松软，可以把塑形好的面团放在面包烤模、碗或篮子中发面。如果要面包比较快烤好，外皮颜色较深而厚，可把面团放在深色的金属烤盘或玻璃烤盘中。

如果面团会粘在碗或篮子上，可以在碗或篮子覆上一层撒了小麦麸皮或玉米粉的布巾，记得这些粉要磨细，以免结块。

要让成形的面包团发到充分膨发，但是依然要保持弹性。

要让面团在烘烤时充分膨发，并点缀外观，可在面包团烘焙之前，用非常锋利的刀或刀片在表面斜刮几刀。如此一来面包在烘焙过程中，滋润的内部会推开脆硬的外皮充分膨发，将面包往上与四周推开。

BAKING
烘焙

在烘焙的过程中，柔软、容易破裂的面团会转变成稳定、结实的面包。烤箱中的热度使气泡膨胀，让面包膨发，也让淀粉与麸质形成稳定的结构。一开始的数分钟内，蒸汽的热度会使得面包膨发得非常大，然后产生光亮的外皮。

面包较适合以电烤箱来烘焙。电烤箱比瓦斯烤箱密封性更好，较能保存烤箱中的水分。

传统面包烤窑温度高而且均匀加热，若要让一般烤箱模拟这种状态，可在烤箱底部放置能保持温度的陶瓷板，并且要预热很久，将烤箱和陶瓷板加热到230℃。现代烤箱加热元件会时开时关，很容易让面团的顶部和底部烧焦。在烘焙石板或陶瓷板上烤面包，而不要使用烤盘，这样面团一开始会膨胀得非常好，形成厚、香且脆的底部。烤箱要预热30分钟，好让石板或陶瓷板够热。

如果你要烤箱中充满蒸汽，可以在铸铁锅上放置干净的鹅卵石或小石头、沉重的铁链或大的铁珠。将这些东西放置在面包预定位置的旁边或下方，然后用最高温度预热烤箱及烤盘至少30分钟。

把面包团放进烤箱时，放十多个冰块到烤盘中，立即关闭烤箱的门。要小心，如果放错地方，冰块就会让烘焙石板破裂、烤箱底板弯曲，蒸汽也会立即烫伤皮肤。此时需把温度调低到230℃。

若要利用面团本身产生的蒸汽，可把面团放入陶制钟形盖，或有盖的锅子里。这样就成了烤箱中的密闭烤箱。锅子与锅盖要在烤箱中预热，然后小心取出，再把面团放入锅中，加盖后放回烤箱。

送进烤箱的过程要注意，尽量避免撞击面包团，以免气泡破灭，面团变小。湿的面团比较松软，在烤箱中会很快膨胀，因此比较禁得起撞击。面团放到无边的锅子上，把面包团送进烤箱。在面团底部，或在锅子表面撒上小麦麸皮，或垫上烘焙纸，这样面团就不会粘而比较容易滑动。

面包完全烤好后再把纸剥除，或等烤到纸能够轻易脱落再剥除。

10~15分钟之后，将烤箱的温度降到200℃，以免加热元件把面包烤焦。如果面包团褐变得不均匀，可以翻面和移动。

检查温度，在面包表面均匀褐变之后即可进行。轻拍面包底部，如果完全烤熟，会发出类似共鸣、空心的声音。即时显示的温度计插入面包中，显示的温度应该在93~100℃。

如果面包皮比较厚，或你怀疑还没熟，可以继续烤。如果面包皮的颜色加深了，可以把温度降到120~150℃。

烤好的面包要放到烤架上或其他架子上，而不是实心的物体表面，因为这样水汽无法散去，底部的皮会变软。

不要切热腾腾的面包。此时切面包，即使是锋利的刀子，也会拉扯和压缩面包柔软的内部。

面包要在完全冷却之后才能包装。

UNUSUAL RAISED BREADS: BAGELS AND SWEET BREADS
特殊的膨发面包：贝果和甜面包

有些流行的膨发面包需要特殊的处理过程。

贝果是小而有嚼劲的面包，表面光滑、内部扎实。用高筋面粉做出比较干而且坚硬的面团，把面团捏塑成圆圈之后，先冷藏一个晚上以延迟发酵，然后放入滚水中，每面煮2~3分钟以形成外皮，然后再烘焙。

法式奶油面包、意大利水果蛋糕和其他甜味而且有加料的面包，因为加了糖、蛋或奶油，因此需要一些特殊的制作方法。大量的糖使酵母菌生长减缓，而面包团在烤箱中的褐变速度则会加快。蛋和奶油会让麸质的力量减弱。好的食谱会说明酵母菌所需增加的量，并且让膨发的时间加长，而烘焙温度则要降低。此外，好食谱通常还会指出要先把其他食材混合捏揉好，让麸质形成以后，再加入蛋和奶油。这类面团冷却后会变得结实，比较容易处理或塑形。

FLATBREADS:PITA, TORTILLAS, ROTI, NAAN,INJERA,CRACKERS,AND, OTHERS
无酵饼：希腊袋饼、墨西哥薄圆饼、印度面包饼、馕、因杰拉饼、苏打饼等

无酵饼是一种制作方便的传统食物，能快速享受到新鲜烘焙面包的美味。制作无酵饼只需花几分钟制作面团，把面团擀薄，然后在热的表面上加热到熟即可。

制作无酵饼更方便的方法，是把面团在冰箱中放置一个星期，想吃的时候拿一些面团来烘焙即可。

任何可以揉成团状的谷物粉都可以拿来做无酵饼，甚至是属于豆类的鹰嘴豆粉。用全谷类面粉制作出的无酵饼风味特殊，而且营养价值高。发酵过的小麦面团做成的饼特别松软。

如果要用未发酵过的面团制作出柔软的无酵饼，必须把饼擀成或压薄到0.3~0.6厘米厚，在高温下快速加热。

厚的饼和低温会使饼熟得较慢，且质地较干而坚韧。发酵过的面团会产生气泡而比较软，因此做出的饼会有厚度。

无酵饼最好放在高热烧烤盘上烤熟，也可置于低锅边的平底锅上，或放置于已在烤箱中预热到260℃的烘焙石板上。

用非接触式温度计测量温度是否足够高，或撒一些面粉到加热的器具表面上，如果够热，面粉应该会在几秒钟之内褐变。无酵饼应偶尔翻面，直到表面起泡变色。烤熟的饼叠在一起，以保持温度与湿度，吃之前再分开。

如果要制作口袋饼，两面可以拉开，好放置其他食材，那么面团的厚度要达到0.3厘米。太厚的饼内部太扎实，不容易平均分成两片。

隔餐的无酵饼会变软，可以在炉子上直接用小火加热，或放在

烧烤盘中火加热，也可以夹在两张盘子中用微波炉加热。

如果要制作干的苏打饼，就要把面皮擀得非常薄，用叉子尖轻戳以免起泡，切块然后放到中温的烤箱中烤干、烤脆。

PIZZAS
披萨

披萨是用发酵的面团所制的薄饼，上头铺放了各种配料。披萨有许多种类，有厚有薄，有的有嚼劲，有的香脆，有的则柔软。

最早的披萨起源于意大利的那不勒斯，是薄皮披萨，有香脆的外壳，在木材加热的高温烤窑中，2~3分钟之内就会烤得有轻微焦黑。

制作披萨主要的难点在于把面团延展成薄的圆饼，并且毫发无伤地滑入烤箱。

要制作容易处理的披萨面团：

首先做较湿的面团，这样容易擀开。

面团膨发之后，就要用力摔打，减少其中的空气，以免烘烤时产生气泡。

把面团分成小块。面团饼的大小，取决于你的盘子，而不是披萨的尺寸。如果时间够，面团可以先冷藏，这样比较好处理。

把面团拉成或擀成薄饼。在这个过程中，要定时让面团醒一下，好让其中的麸质放松，减少麸质的收缩力量。如果要制作薄皮披萨，厚度在3~5毫米。

如果要让饼皮香脆、风味十足，把面皮先准备好，再滑入烤箱中预热的烘焙石板上。

把面皮放到无边的平底锅上，送进烤箱。在面皮底部锅子表面撒上小麦麸皮，或垫上适当剪裁的烘焙纸。最方便的方法是在披萨烤盘上做面皮，然后连着盘子送进烤箱。

把披萨料轻柔而谨慎地放到面皮上，不要把面皮压扁而使饼皮不易拿起，或造成面皮软烂。如果披萨料的蔬菜无法在几分钟之内以高温烤软，就要先煮过并挤出多余的水分。

烤箱预热到最高温，若要使用烘焙石板，就放在烤箱加热元件的上方或下方。若烘焙石板放置在上方加热元件的正下方，便在较低的架上再放上一片烘焙石板（或烤盘），烤出来的披萨上层会比外皮快熟得快。

来自上方的热量会加热披萨的上表面，并且加热披萨之间的石板。

迅速而利落地把披萨滑到烘焙石板上，或者可在面皮下方铺放烘焙纸。确保烘焙纸边缘没有漏出太多，以免被加热元件点燃。披萨表面开始焦黑时即可取出。

要让披萨饼表皮香脆，披萨从烤箱取出后，放到架子上冷却，再用厨房剪刀剪开即可。如果热的披萨放在会吸收湿气的砧板或盘子上，会很容易变软。

QUICK BREADS
速发面包

速发面包包括司康饼、苏打面包和玉米面包，这些面包是用发粉或小苏打快速膨发的，而不是用缓慢的酵母菌。速发面包柔软而缺乏嚼劲，比较类似少糖、少脂肪的蛋糕和英式松饼。速发面包很快就会老化。

化学膨发剂方便而古怪。小苏打需要酸才能制造二氧化碳，而酸通常是由白脱牛奶提供的。发粉则是小苏打添加一种或数种酸组成的，不需其他添加物就可以让面团发起来。

使用新鲜的小苏打或发粉。旧的通常发不好，而且有怪味。

确定食谱中，有指示小苏打要搭配的酸性食材。如果没有加入酸，成品将会密实而且有肥皂味。

把小苏打或发粉和其他干性食材充分混合，然后搅拌大约60秒。如果膨发剂混合得不均匀，会使面包质地也不均匀，同时产生褐色的斑点等奇怪的颜色，例如胡萝卜素会变成绿色，胡桃会变成蓝色。

湿料和干料快速混合之后就应立即烘焙。化学膨发剂一旦打湿，便会开始产生二氧化碳。制作面团的过程也会使麸质坚韧。

如果要速发面包不那么快老化，就要采用全谷粉、油脂、蛋黄或糖的食谱，或需要加入酸性食材和发粉的食谱。酸的面包老化得速度较慢。

老化的速发面包可以通过重新加热来恢复。

比司吉面团含有丰富奶油、猪油或起酥油，以发粉和蒸汽让面团膨发。如果面团较软，就会捏成形状随意的一口大小。比司吉通常很小，很快就能烤好，利用烤箱的高温让面团膨胀。

使用低筋面粉来制作比司吉，尽量不要揉捏面团，以免面包产生麸质与嚼劲。用美国东南方品牌的低筋面粉或一般酥皮面粉来制作，或将中筋面粉与玉米淀粉以2：1的比例混合制作。

使用非常锋利的刀子，如果面团边缘受到挤压，会影响到烘焙时的膨胀情况。

用非常热的烤箱烘烤，这样才能让面团里产生最多蒸汽。

FRIED BREADS: DOUGHNUTS AND FRITTERS
炸面包：甜甜圈和油炸馅饼

甜甜圈和油炸馅饼是将面团深炸而成的。有些甜甜圈和油炸馅饼则是用较接近液态的面糊制成。甜甜圈通常是甜的，油炸馅饼则有甜有咸。

用新鲜、无味的油来炸甜甜圈和油炸馅饼，不要使用有味道的玉米油或橄榄油。

如果甜甜圈和油炸馅饼放到冷了才吃，就用起酥油或其他在室温下为固体的脂肪来炸，如此一来，甜甜圈的表面才会光亮而不显油腻。

油炸的温度约为175℃，低温会使得面团吸更多油，高出这个温度则会使得面团表面在内部未熟之时便已褐变。越甜的面团会越快褐变。锅里不要放太多面团，这会使油温下降太多，而且很慢才能恢复到原来的温度。

立即用力甩掉过量的油。要趁着甜甜圈和油炸馅饼起锅时，表面的油温依然较高且在油滴流动之时甩掉。

第六章

CHAPTER 6

PASTRIES AND PIES

酥皮与派

这是谷物、水和空气所结合成的焦香风味和干酥的愉快感受。

酥皮带来的是干酥的愉快感受，松脆、易碎、薄酥，有着香蕉风味。酥皮和面包一样，是把谷物粉、水和空气混合之后，烘烤成固体。不过酥皮几乎不含水分，而含有能使质地松软的脂肪；脂肪能够破坏面团结构，避免面团变硬。有些酥皮本身就能作为一道菜肴，有些则会包覆着其他食材，带来对比性的口感，例如湿润的水果、浓郁的卡士达，或咸的炖肉与肉泥。

制作酥皮并不容易，因为有些方法很容易失败。有些酥皮的水量很少，只有用来把食材连结在一起。有时烘焙温度差个几度，就会让奶油原本适中的黏稠度，变得太过坚硬而使得面团碎裂，不然就是导致面团太软。制作奥式馅饼卷、薄酥皮和起酥皮的面团层，每层都比人体的头发还要薄。如果不保持温度，很快就会干裂。

这些非常薄的酥皮层是以特定方法来揉制面团，如果用文字描述可以说是长篇大段，不过看一下就能够很快了解。本章我只会选取基本的方法与原理，至于每一步骤的细节与技巧，可搜寻网络上一些好的示范视频。

我发现制作酥皮就和其他烘焙食品一样，美味的关键就在于常做。最好是一两天就做一次，这样你就会发现失败之处，并找出哪些迹象意味着会做出成功的酥皮。如果你只是偶尔制作酥皮，那么就放松心情，好好享受这个独特的烘焙之旅。失败的酥皮尝起来依然不错，但当你吃到绝佳的酥皮时，才更能欣赏烘焙师傅的手艺。

PASTRY SAFETY
酥皮食物的安全

大部分酥皮食物不会对人体造成伤害，因为酥皮是完全熟透的食物，而且干燥的环境不适合微生物生长。

有馅的酥皮食物，尤其是馅里含有蛋、乳制品或肉类，就可能提供足够的水分和营养，让有害的微生物得以生长，不过这些食物仍然可以在室温下放置几个小时。

如果要把有馅酥皮食物的致病风险降到最低，最好就是尽快吃掉，不然就冷藏或冷冻，在食用之前至少加热到70℃。

SHOPPING FOR PASTRY INGREDIENTS AND STORING PASTRIES
挑选与保存酥皮食材

酥皮的食材大多是食物柜中的基本配备：面粉、糖、脂肪和油。这些食材当然是越新鲜越好，以免一开始食物就走味。

仔细阅读食谱，确定你买到或使用的是正确食材。

面粉、糖和脂肪有许多种类，通常不可以互换。

生的派皮、起酥皮等酥皮面团要冷冻，记得要包紧以免吸附冰箱异味或被冻坏。有些从冷库取出就可以立即烤，有些则要在冷藏室解冻后才能使用。

不含乳制品或肉类内馅的熟酥皮食物，在干燥的天气中可以放在面包箱或纸袋中一两天；倘若天气潮湿就要包紧。如果要放得更久，就得包紧然后冷藏或冷冻。

含乳制品与肉类内馅的熟酥皮食物要包紧，冷藏或冷冻可以存放数日。

SPECIAL TOOLS FOR PASTRY MAKING
制作酥皮的特殊器具

制作酥皮时，最好有一些特殊的器具。

大理石板或花岗岩板，比热容高，相当好用。酥皮面团在上面揉制时，能够让面团中的脂肪维持低温，不会变得太软。

擀面棍能把酥皮面团擀成均匀薄层。擀面棍的材质有木头、金属和塑胶的，有不同的形状和大小，有的还有把手。塑胶和不沾涂层的擀面棍比较不会粘住面团，而且好清洗。

擀面棍垫圈类似橡皮筋，套在擀面棍两端就可以把擀面棍的距离抬高，如此很容易制作出一定厚度的面皮。

挤花器和挤花袋能够把泡芙面团等柔软的食材（例如发泡鲜奶油、酥皮鲜奶油、糖衣），塑造成漂亮的形状或图样。

馅饼和派的烤模会影响烤箱热度穿透酥皮面团的速度。这些器皿有许多抛光方式、形状和大小，这些因素都会影响加热程度，而需要依次调整烘焙的时间与温度。未经抛光的沉重金属盘是个好选择。

厚重的金属烤模会比薄的更能均匀而快速地导热。光亮的烤模会反射热量，使得加热速度变慢。没有抛光的表面吸热与导热的速度都较快。黑色表面的烤模导热最快。

玻璃器皿能让一些热辐射直接通过，抵达酥皮，因此加热速度比不透明的陶瓷器皿更快。

PASTRY INGERDIENTS: FLOURS AND STARCHES
酥皮食材：面粉与淀粉

用来制作酥皮的面粉与淀粉有好几种。这些食材并不相同，因此无法彼此取代。比起蛋白质含量中等的中筋面粉，蛋白质含量低的酥皮面粉与低筋面粉所形成的麸质比较柔软，吸收的水分也较少。所以如果加入相同水量，中筋面粉做成的面团会比较硬，而用酥皮面粉或低筋面粉做成的就会比较滋润。

使用食谱指示的面粉，如果有困难，就要事先准备调整好比例的面粉。加入小麦麸质可以提高面粉中蛋白质的比例，而加入玉米淀粉则可以减少蛋白质的比例。

中筋面粉的蛋白质含量中等，应用范围较广，但是不同牌子与质地的中筋面粉，蛋白质的含量并不相同。尽量使用食谱中指定的牌子，或留心可能需要调整的部分。美国南方品牌的蛋白质含量较低，适合用来制作松软的酥皮。美国东北和西北方品牌的蛋白质含量较高，适合用来制作薄片酥皮。全国性品牌的蛋白质含量最为适中，用途广泛。

酥皮面粉的蛋白质含量较少，能够做出松软的派皮与饼干，但是在超市中不容易找到。此时可用两份的中筋面粉混合一份的低筋面粉（重量比或体积比皆可），便可达到类似的效果。

低筋面粉（蛋糕面粉）的蛋白质含量低，而且经过化学处理，能够吸收大量的糖和脂肪。六份的中筋面粉和一份的玉米淀粉混合后，也可以达到低筋面粉的效果。

高筋面粉（面包面粉）含有大量的麸质蛋白质，有时制作泡芙或起酥皮时会用到。

全麦面粉可赋予食物更多的风味、颜色和营养。不过制作出来的成品很快就会走味，然后产生苦味与酸败的味道。

检查包装上的食用期限，之后密封冷藏或冷冻。开封之前先让包装恢复到室温。

预煮或速溶面粉（包装通常类似速成肉汁酱料食材），有时会用来制作速成的酥皮面团。这类面粉其实比较类似淀粉，会出现烹煮味。

玉米淀粉是不含蛋白质的纯淀粉，通常能够用来为水果派的内馅增稠。玉米淀粉和中筋面粉混用，可以降低蛋白质的比例，制作出比较松软的酥皮。

木薯粉和木薯淀粉是不含蛋白质的淀粉，通常能够用来为水果派的内馅增稠。用木薯粉增稠的内馅比用玉米淀粉的更透明。

PASTRY INGERDIENTS: FATS AND OILS
酥皮食材：脂肪与油

脂肪能够赋予酥皮风味、滋润感和浓郁的口感，不过最重要的工作是破坏面团结构，让食物能够分层、酥脆。固态奶油、猪油和起酥油能制作出片状或酥脆的酥皮。半固体状的家禽油脂能让酥皮柔软而酥脆。涂抹用的低脂奶油不能用来制作酥皮。

脂肪会走味、酸败，当脂肪暴露在空气与阳光之下，会使得做好的酥皮变质。

脂肪在使用之前要检查看看有无走味。奶油、猪油和起酥油表面变色之后要刮除，然后取一点炸一小块白面包以测试风味。

奶油很美味，能够制作出好吃的酥皮，但是如果要制作出薄片酥皮，那么用起酥油来制作会容易得多。奶油在低温环境下易碎，不易处理，方便操作的温度只有几度的范围。在当温度达到人体温度时，奶油就会变软融化，变得无法操作使用。奶油含有15%的水分，通常还加了盐。比起一般美国奶油，欧式奶油的脂含量通常较高，含水量则较少。大部分的酥皮食谱都会指定使用无盐奶油，如果换成其他种类，要注意调整成分，加入水或盐。

猪油是猪的脂肪，质地柔软，但是融化的温度比奶油高，适合用于制作薄皮酥皮。猪油在买来之后很容易走味，甚至购买时就有可能已经不新鲜。大部分的市售猪油都含有抗氧化物，并且做过氢化处理从而减缓腐坏速度，因此也有可能含有不利健康的反式脂肪。购买之前要确认有效期限，挑选最新鲜的产品。也可以从肉贩或传统市场中购买新鲜的猪油。

蔬菜起酥油是以蔬菜油经化学方法改变而制成，这种固态脂肪适合用来制作酥皮与蛋糕，适用的温度范围很广，而且其中已经预先灌入了能够让面团发起的氮气气泡。有些起酥油没有添加风味，也有添加奶油香料的。大部分的起酥油已经不含反式脂肪。

蔬菜油在室温下是液态，因此无法像奶油和起酥油一般 ，让面团形成分离的片层结构。蔬菜油的作用在于让面团变得柔软滋润。

OTHER PASTRY INGREDIENTS
其他酥皮食材

酥皮面团通常还含有其他能够影响风味和质地的食材。

盐具有平衡风味的功用，可以用于制作咸的酥皮和甜的酥皮。

糖能够让酥皮变甜、柔软，因为糖能吸收水分，限制麸质结构的产生。在低含水量的面团中，粉糖可以快速并可靠地溶解。

液体的食材通常是在酥皮面团制作过程的最后加入的，以尽量减少麸质结构的形成，否则面团会变硬，制作出有嚼劲的酥皮。水和面粉的比例会影响面团的硬度以及最后成品的质地。

醋或某些酸性食材加入面团后，也能够限制麸质结构的形成，并让酥皮面团变得更柔软。

鸡蛋能够让食材黏结在一起；蛋黄能赋予面团颜色、浓郁的口感和风味。

使用食谱制定的鸡蛋，大小不同的鸡蛋会破坏液体和面粉的决定性平衡。

乳制品，如牛奶、鲜奶油、奶油乳酪、陈年乳酪等，都含有能让面团柔软的脂肪，不但能贡献本身的风味，也能让酥皮的褐变反应发生得更快更重。

THE ESSENTIALS OF PASTRY MAKING
酥皮制作要点

大部分酥皮面团都比较硬，主要食材是面粉、足以让面粉颗粒黏结的水分，还有能够破坏面团结构的油脂，后者能使烘焙完成的酥皮变得柔软而酥脆。

酥皮结构和质地的影响因素有二：厨师所挑选的脂肪和油，以及混合油脂与面粉的方式。

如果要制作酥脆酥皮（crumbly pastry），就得让油脂与面粉充分混合。

如果要制作薄片酥皮（flaky pastry），先把固态脂肪分成一块块的，再擀成一片片薄片，用来把面团分层隔开。如此便能做出分层的酥皮面团，然后烘焙成薄片酥皮成品。

酥皮的制作过程比其他食物都要求更精准。食材的种类、食材的比例、烤模的材质以及揉制的方式稍有不同，就会使得制作出的酥皮成品有很大的差异。因此酥皮食谱的内容通常非常精准。然而，即使如此，**没有食谱能让你知道**，以你目前所使用的食材、器具与烤箱，每个步骤、细节该如何进行。

如果有可能，就经常练习制作酥皮，如此便能训练你的眼睛和指尖去感应面团何时该加一点水，或面团是否该醒久一点。

MIXING AND FORMING PASTRY DOUGHS
制作酥皮面团

制作酥皮面团有三项基本规则：

· 食材的分量要精准。

· 让食材维持在冰凉的状态。

· 尽量不要揉捏面团，足以让食材均匀分布即可。

这三项规则都能减少弹性麸质在面团中形成。麸质会让酥皮在烘焙的时候收缩，制作出硬实的酥皮。

量取食材的时候，尽可能用重量来度量，如果食谱中使用的是体积，也要严格按照食谱的量。过筛、将食材弄平整。任何细节掌握不好，都可能使食材的体积发生显著变化。

将量取好的干食材筛过，比较容易和水均匀混合。

酥脆酥皮的面团容错率较高，因为能使面团柔软的脂肪会均匀地在面粉中发挥作用。脂肪融化时，并不会影响面团结构，同时又能确保面团在混合与揉捏时，不会轻易出现麸质。

片状和层状的酥皮面团在制作时需要注意温度，既要使固体脂肪能够擀得开，又不会太软，而且能够限制麸质在各层面团中形成。

选择一天中温度最低的时候，在厨房中最凉之处制作。

食材和器皿都需事先冷藏。

尽量减少高耗能机器与手的热量传到面团，搅拌机和食物处理机要反复短暂开闭。如果脂肪开始变得太软就要停下，让面团冷却。

维持面团冷凉。面团和奶油混合时面团温度要维持在15~20℃，如果用猪油则可维持在15~25℃，起酥油能够承受的最高温度为30℃。

制作酥皮面团时，大多是先把脂肪和面粉混合起来，然后加入冷水。冷水量足以让面团聚集起来即可，揉捏时能让面粉均匀沾湿就好。

随时调整液体分量。面粉成分中许多无法预料的细节以及脂肪的细致度，都会影响水分的正确比例。

把少量的水均匀撒到面粉与脂肪的混料中，尽量不要用手，可以使用喷雾器。要事先量好喷多少次的量等于一茶匙的水，然后把面团摊开，将水喷到面团表面。

立即把洒上水的面团卷起来冷藏，冷藏一个小时以上。让水分均匀分布，让麸质放松使得面团更容易处理。新鲜的酥皮面团能够冷藏数日，冷冻则可以保存数周。冷藏前把面团压成扁平状，因为这样冷得快，而且之后擀开时也能够更方便。

冷藏过的面团要先回温然后才擀开，这样制作时才不会轻易碎裂。

在冰冷的工作台面或布面上擀开面团，要时时转动面团以免粘住。如果面团很硬或收缩起来，放入冰箱冷藏5~10分钟让充满弹性的麸质放松。

擀好的面团在烘焙之前可以稍微冷藏，以免面团在加热时收缩或崩毁。

BAKING AND COOLING
烘焙与冷却

酥皮面团的含水量少，因此很快就可以烤好，当然也很容易会烤过头，因此你必须熟悉自己的烤箱，在烘烤时多加留意。

研究自家烤箱的加热过程。在某个设定好的温度下，利用非接触式温度计测量烤箱底部、顶部和四周内壁的实际温度。要知道热从哪个方向来，以及控制温度的方法，好满足制作特定酥皮的需求。

烤箱的加热元件会在烘焙时启动，从而维持所设定的温度（元件启动时你会听到唧唧声或咔嗒声）。这些加热元件温度很高，如果经常开启会烧焦酥皮。

要避免酥皮烤过头，就要尽量使加热元件处于关闭状态。

在烤箱底部放一片烘焙石板，以维持温度并且遮住加热元件。或用锡箔来隔开加热元件，记得光亮面要朝下。

烤箱的预热温度要比烘焙的温度高出15~30℃，这样打开烤箱放东西的时候，温度就会下降到烘焙时应有的温度，之后再重新设定到正确的烘焙温度。

尽量不要打开烤箱，打开的时间也越短越好。

酥皮要烘焙得均匀，就得放置在烤箱中央的单层架子上。倘若加热不均，可在烘焙过程中不时将烤盘移动到不同位置。

不同的烘焙器皿与烤模，加热酥皮的速度也不同。如果你换成了其他种类，或没有使用食谱中所指定的器皿，就必须调整烘焙的温度与时间。如果使用对流式烤箱，这些差异就没有那么重要。

厚重的金属烤模会比薄的更能均匀而快速地导热。光亮的烤模会反射热量，使得加热速度较慢。没有抛光的表面吸热与导热的速度都较快。黑色表面的烤模导热最快。

玻璃器皿能够让一些热辐射直接通过，抵达酥皮，因此加热速度比不透明的陶瓷器皿更快。

要让酥皮烤透，又要避免边缘和表面烤过焦，就要在酥皮开始变色时，立即用铝箔或酥皮罩子盖住酥皮。

烤好的酥皮置于架子上放凉，而不要放在不透气的物体表面。

架子能让空气持续流动来冷却酥皮，也能让刚从烤模中取出的酥皮内部所残存的水汽散出，否则这些水分会闷在内部，让酥皮变得不再酥脆。

CRUSTS
派皮

派皮是干而薄的酥皮，是用来盛装或支撑湿润的馅料，通常包括水果、卡士达、鲜奶油或肉泥。派皮能够防水、不被浸湿，而且容易分切与食用。

最简单的派皮是甜点用的压制派皮。这种派皮是由预烤好的糕点碎片或磨碎的坚果为主料，再混入一些奶油、糖、玉米糖浆和水，然后压入烤模，就可以拿去烘焙了。湿润的食材会把糖溶解成糖浆，进而在烘焙干燥的过程中，把其他碎片黏结在一起。同时，脂肪则会让一些碎片不被粘住，让派皮保持易碎状态。

压制派皮要避免太硬，可以加入一些无糖的磨碎坚果或面包屑，以及一些玉米糖浆。这些食材可以减弱糖的黏性。

如果压制派皮在烘焙过程中垮下，下一次要减少脂肪的量，并且用较高的温度烘焙。

用酥皮面团擀成的派皮，在各类烹饪书中会有不同的名称和制作方式。不论食谱中的名称或描述为何，这类派皮的质地主要取决于面粉与脂肪的混合方式。

由面团制成的派皮主要有两种：酥脆派皮和片状派皮。

酥脆派皮之所以酥脆，是因为脂肪与面粉充分混合之后再加入水揉成面团。

如果要制作最柔软松脆的派皮，要选择先将已软化的脂肪和面粉混合后再加入液体的食谱。脂肪和糖的分量越多，派皮就越软。如果面团不容易擀开，可以直接压入烤模。

如果要制作紧实而酥脆的派皮，可以用鸡蛋来取代水，或先混合脂肪和液体，最后再加入面粉。

片状派皮比酥脆派皮紧实，剥开时会变成松脆的薄片，这是因为在液体将面粉沾湿成为面团之前，脂肪和面粉已经先形成分层的薄片了。

制作片状派皮时，把冰冷的脂肪放入面粉，再用手、搅拌机或食物处理机把脂肪切成豌豆大小的颗粒，然后加入水，制作成面团，最后把面团擀开（只能擀一次）。

要制作千层片状派皮，要选择先把冰冷的脂肪块在面粉中擀开（折叠后重复擀开）的食谱，这样能够形成许多层次的薄片，然后再加入水制成面团。

要制作出柔软的片状派皮，尽量不要揉捏派皮，并且要不时把面团放入冰箱，以免让派皮中生出能够使质地坚硬的麸质。

有些规则适用于所有的擀开酥皮。

不论是片状或酥脆派皮，要让它们变得柔软，就使用酥皮面粉，不要使用中筋面粉。中筋面粉与蛋糕粉以1:2混合，或中筋面粉与速溶面粉或玉米淀粉以1:3混合，也可以模拟酥皮面粉的效果。

把酥皮面团擀成派皮时，可以在擀面棍两端套上专用的垫圈，这样就可以制作出正确厚度的派皮。擀的时候从面团的中央往外推。如果没有垫圈，擀面棍擀到面团边缘时就要提起，以免边缘太薄。

当酥皮面团放到烤盘或烤模中时，避免扯动，以免派皮变薄进而收缩。

面团在烘焙之前，可以连着烤盘一起放入冰箱冷藏，好让麸质放松，以免烘烤时面团收缩。

FILLED CRUSTS: PIES AND TARTS

有馅料的派皮：派与馅派

制作派和馅派的困难之处在于，同时要烹调两种截然不同的食材：几乎不含水分的面团与湿润的馅料，而且最后面团要能够变得非常干而脆，内馅则维持浓稠湿润。

如果派皮要能够不被馅料的水汽弄湿，可以选择用蛋制品的酥脆派皮。片状派皮比较容易吸收液体。

派皮一定要熟透，因为没熟的派皮比较容易吸水。制作方法是先让派皮自行在烤盘中预烤，派皮底下要垫着烘焙纸，然后放入干豆子或瓷珠，压住派皮先烤一下。当压住的东西移开之后，用叉子尖轻戳派皮以免起泡。派皮边缘露出的部分可以用铝箔包起，以免烤焦。

预烤好的派皮可以涂上一层蛋汁、巧克力、融化的奶油、浓缩的蜜饯或卡士达奶油馅，以在派皮表面形成防水层；放一层能够吸收水分的糕饼碎屑也可以。如果涂的是蛋汁，要再把派皮烤个几分钟，等蛋汁干了之后放凉，再填入馅料然后烘焙。

新鲜水果做成的馅料通常会释放出大量水分而不容易变得浓稠，水果切片以后更容易出水。

为了控制新鲜水果馅料的浓稠度，烘焙之前就得让果汁浓缩，使果汁变得浓稠。把水果切好放到滤网中，撒上糖，让果汁流到滤网下面的碗中，然后把果汁煮到浓稠，再和水果与增稠食材混合在一起，填入派皮之中。

如果要让馅料澄澈透明，果汁的增稠剂要用木薯粉，不要用面粉或玉米淀粉。

烘焙水果派或馅派时，要放置在靠近烤箱底部之处，或直接放在烤箱底部的烘焙石板上，以确保派皮底部能够迅速加热。

鲜奶油或卡仕达派的馅料在烤过之后可能无法变得浓稠，或在变得浓稠之后又会变成液体。

鲜奶油或卡仕达派的馅料如果是加入鸡蛋、面粉（或淀粉）增稠，要确定让混料的温度在烘焙前或烘焙时上升到80~85℃。没有煮熟的蛋黄含有淀粉分解酶，会使馅料渗水。

咸派（quiche）的内馅很容易就烘焙过头而变干。

烘焙咸派的过程中要经常检查。如果用牙签或刀尖插入派正中央而不粘馅料，就表示烘焙完成，要立即移出烤箱。

让咸派放凉，待馅料中的卡仕达凝结再分切，以免内馅崩塌。

柠檬蛋白霜派的蛋白霜表面或底部通常会渗出水来，导致蛋白霜与馅料分离。

如果要稳定蛋白霜，就要趁热撒上含有玉米淀粉的粉糖，或使用炉火预煮蛋白霜馅料，再放到派皮上，之后把派放到烤箱中烤到馅料边缘焦黄就可以了。

要制作稳定的柠檬内馅，可以先把玉米淀粉、糖、蛋的混料加热到80~85℃，离火之后再加入柠檬汁。

PUFF PASTRY FOR TARTS AND NAPOLEONS, CROISSANTS, AND DANISH PASTRIES
馅派、拿破仑蛋糕、可颂和丹麦酥的起酥皮

起酥皮是最终极的片状酥皮。派的酥皮虽然也分层，但都还算结实。起酥皮含有大量奶油，是轻盈、松脆、如纸片般轻薄的酥皮层。

制作起酥皮需要非常小心，而且花费数小时。你得将许多奶油裹入面团，然后反复冷藏、擀开、折叠再折叠，然后再擀开，直到奶油和面团交互重叠数百层为止。这样的酥皮在烘烤时，面团和奶油中的水分会蒸发，而让含油的面团膨胀、分层。

制作起酥皮的重点在于调整奶油温度与面团弹性，让这两种食材能均匀而细致地一同擀开。面团要在擀开之前反复冷藏，好让奶油冷却，同时让面团中的麸质放松。

制作起酥皮的方法有很多。酥皮食谱经常长达五页以上，而且内容精确得吓人，许多基本要点却又不同，有些甚至需要用到事先已经煮过的速溶面粉。

找寻描述清楚、内容准确的食谱，然后从网络上的视频学习制作技巧。

要特别注意奶油的品质与质地。要用好的奶油，然后把表面变色变质的部分削去，并将奶油保存在15℃左右的环境中。奶油如果太冷会撕裂面团；如果温度稍高，会融化而融入面团，就无法形成层次了。

如果要在两小时内制作简单的起酥皮面团，可以把奶油放在面

粉中切成小块，加入冷水，然后揉制成硬的面团；之后再擀开、折叠、转90度再重复同样动作，接着把面团静置于冰箱中。重复这个步骤一到两次即可。

切起酥皮面团时，要用非常锋利的刀子，切得时候要直接压下，不要来回推拉。要让面团发到最好，面团边缘得尽量不要压缩或拉长。

面团擀好且分切之后，需要让面团冷藏、放松，以免在烤箱中烘焙时收缩。

一开始要用很高的温度烘焙，这样面团可以制造最多的蒸汽，好膨胀起来。

如果是冷冻面团，可以放到冷藏室先行解冻，等面团恢复到室温后再分切。

可颂和丹麦酥是含有酵母菌的起酥皮面团制成。这些面团制作好之后，需要发过之后再烤。

丹麦酥的面团是面粉混合了糖和蛋制成。可颂面团则含有牛奶，并且可以加入奶油，折叠并擀开之前，让面团先发过。

可颂和丹麦酥的面团需要特别小心处理，这两种面团都很软，比一般的起酥皮面团更为脆弱。

PHYLLO AND STRUDEL
薄酥皮与奥式馅饼卷

薄酥皮与奥式馅饼卷是极为细致的酥皮，两者都是由单层面皮伸展成头发般厚度后所制成。用很薄的面皮裹住或卷住水果、蔬菜或肉馅，或堆叠起来，然后烘烤得金黄酥脆。

制作薄酥皮与奥式馅饼卷都需要高度技巧，得将面团擀成直径约一米、厚度如薄纱的酥皮。不但不能破裂，而且动作要快，以免酥皮干燥破裂。

上网找寻适合的教学视频，学习制作技巧。

使用蛋白质含量高的面粉，让麸质强韧，并且加入油脂，以减弱面团的弹性。

如果要制作出和奥式馅饼卷相仿的效果，可以用市售的薄酥皮堆叠制成。

在使用市售的冷冻薄酥皮片之前，先放到冷藏室解冻。薄酥皮要覆盖或刷上一层油或奶油，以免酥皮片干裂。

CHOUS PASTRIES: CREAM PUFFS AND GOUGERES
泡芙：鲜奶油泡芙和乳酪泡芙

泡芙与其他的酥皮糕点都不一样，泡芙具有薄而脆的外皮，却是由实心的球状滋润面团所制成。烤箱或油炸的高温会让面球的外部定型，并让内部的水分气化，进而使面团膨胀为酥脆的中空球壳。泡芙的壳可以直接拿来吃，也可以填入发泡鲜奶油、卡士达奶油馅或冰淇淋。泡芙面团是事先煮熟的面团。

泡芙面团的制作方式：

把水或牛奶放到锅子中，与奶油、脂肪或油一起煮滚。

锅子离火，加入面粉打成浓稠的面糊。

加热并搅打面糊数分钟，好让面糊熟透，并且让部分水分蒸发。

锅子离火，将鸡蛋一个个打入锅里，搅拌均匀。如果你用食物处理机来进行搅拌动作，先在碗中把蛋打好，然后再慢慢倒入面团。

若要制作出轻盈松脆的泡芙壳，那么就以水取代牛奶或鲜奶油，用高筋面粉取代中筋面粉，并让蛋清的分量高过蛋黄，同时加入足够的液体让面团够稀（但浓度需维持在用汤匙舀起或挤花器挤出时，仍足以维持形状）。牛奶的脂肪与蛋黄会让泡芙变得更为浓郁且柔软。

要制作特别轻盈的乳酪口味泡芙，就把常用的法式葛瑞雨乳酪（Cruyere）改为质地较干而且能刮擦下来的乳酪即可，例如帕玛乳酪（Parmesan）。

立即使用面团，在冰箱中顶多冷藏一天。

用汤匙做出或挤花器挤出的面团在放入烤盘时，彼此要留有空隙，好让面团在烘焙时能有膨胀空间。面团很黏，因此最好使用有不沾涂层的烤盘，或烤盘表面要上油，好让面团容易拿起。

若要做出较为松脆的泡芙壳，面团就得制成较小的球，这样皮就会薄些。大的泡芙的壳比较重，最后会变软然后凹陷。

在200~230℃的高温烘焙，这样才能产生推力足够的蒸汽好让泡芙成形。烤的时候要观察泡芙，当泡芙开始变色，把烤箱的火力降小，让泡芙烤干。一旦泡芙完全变色时，就要关掉烤箱，并用刀子在泡芙底部的壳削出一个切口，好让蒸汽散出，然后静待泡芙在逐渐降温的烤箱中变得松脆。

制作好的泡芙壳可以密封冷冻，使用时可直接取出，放入中温烤箱让泡芙壳重新恢复酥脆。

如果要用烤箱做出油炸泡芙的效果，以上述方法做出泡芙面团之后，刷上油再烤。

第七章

CHAPTER 7

CAKES, MUFFINS, AND COOKIES

蛋糕、马芬和小甜饼

酥皮的难度在于食材是否用得节制，蛋糕的挑战则是如何挥霍。

蛋糕能够激发我们对于甜美丰润食物的本能喜爱，也是最适合庆祝场合的食物。蛋糕如同面包与酥皮点心，由磨碎的谷物、水和空气组成。在这样的基础上还加入了糖、脂肪和蛋，形成了质地柔软的团块，然后在我们口中化成甜美丰润的滋味。我们又用更甜更丰润的亮液和糖衣来装饰蛋糕，使得甜味的乐趣更上层楼。

酥皮点心的制作难度在于食材得用得节制，用刚刚好的水量来让面粉和脂肪粘在一起。蛋糕的制作难度则在于原料的充分性，尽可能地将更多的糖和脂肪充分混合在面粉中。食品制造商还面对更麻烦的事情，就是研发出特别的面粉、起酥油以及适当的混合方式，制造出更甜、更丰润的蛋糕。这些食材能够达成基本的要求，但是无法制作最美味的蛋糕。早年吃蛋糕时，我不会去注意食材内容。但是我曾经用手指沾一点起酥油来尝尝，结果味同嚼蜡，至今印象深刻。本来我对于蛋糕并没有特别注意，直到我20多岁，吃到我家附近烘焙店用奶油制作的蛋糕与糖衣后，我才知道什么是蛋糕。

不论你使用传统还是改良式的食材，都需要使用好的电动搅拌机，几分钟就可以把蛋糕糊打好。要是在19世纪，这就得花上一两个小时。那时候好的办法就是找个男佣来完成这项工作。

你还必须特别注意蛋糕烤盘。大小适当的烤盘很重要，所以在你打蛋糕糊之前，要确定食谱需要什么样的烤盘，以及自己拥有的烤盘是否相匹配。

小甜饼是小型甜味烘焙食品的总称，从小型酥皮到小蛋糕都包括在内。由于小甜饼很小，而且很快就能烤熟，因此自有一套烘焙方式。

CAKE AND COOKIE SAFETY
蛋糕与小甜饼的安全

除了热量太高之外，**蛋糕和小甜饼对健康不会造成什么危害。**小甜饼通常都熟透了，有干的有甜的，不适合微生物生长。

含有鸡蛋的糖衣如果没有煮过或只有稍微煮过，会有受到沙门氏菌污染的轻微风险。

制作安全的糖衣，可用高温杀菌的鸡蛋（指在70℃下消毒过的鸡蛋）。剩下的糖衣要放冰箱。

SHOPPING FOR CAKE AND COOKIE INGREDIENTS AND STORING CAKES
挑选蛋糕与小甜饼食材以及保存蛋糕

烘焙食材大多很普通，无需特别挑选，除非食谱特别制定。面粉、脂肪、酵母、鸡蛋等大小种类都有差异，因此食材通常无法替换。

吃剩的蛋糕要盖起来，在阴凉的室温下可以保存一两天，冷藏可以保存数日，冷冻的可以保存数月。

蛋糕切面用保鲜膜或铝箔紧紧贴覆，以免变干。

如果要冷冻，先把蛋糕冷冻到糖霜变硬，然后用保鲜膜包紧，放入厚塑胶袋或铝箔中，以隔绝异味。

要解冻有糖霜的蛋糕，先打开包装，放到冷藏室中，或最好用大碗倒扣或钟形蛋糕罩盖住，以免冰箱水汽在冷冻的糖霜表面凝结。解冻之后再放到室温下。

要解冻没有糖霜的蛋糕，直接打开包装放在厨房料理台上即可。

SPECIAL TOOLS FOR MAKING CAKES AND COOKIES
制作蛋糕和小甜饼的特殊器具

一些特殊的用具和设备，能让制作蛋糕与小甜饼的过程更轻松。

称量在制作蛋糕时格外重要。正确的面粉量对于好蛋糕的制作是绝对必要的。

面粉筛或面粉网可让干面粉、可可和膨发剂更疏松，也比较容易和脂肪、湿的食材均匀混合。过筛的动作不适合用来混合干的食材，用手或电动搅拌器比较好。

桌上型行星式搅拌器会沿着碗的边缘搅拌，最适合用来打蛋糕糊和糖衣，通常需要5~15分钟。

手持式电动搅拌机则要厨师自行沿着碗的边缘移动，不适合用来打坚硬的糖衣。

搅拌碗最好用薄金属制成，这样蛋糕糊需要冷却或加热时，速度会比较快。你得买好几个2~4公斤容量的碗，因为许多食谱会指示，不同类型的食材需分开搅拌。

蛋糕烤模的类型会决定蛋糕糊受热、膨胀和定型的方式。烤模有不同的表面质地、形状与大小，这些特质都会影响加热过程，因此需要调整烘焙时间与温度。最重要的事情是，蛋糕糊只能盛装到烤模高度的2/3~3/4。烤模太高会阻碍蛋糕底部的受热，烤模太低会让蛋糕糊膨胀时溢出。使用新的食谱之前，先确定你有大小适中的烤模，或能盛装相近水容量的烤盘。

烤箱内的烤盘和一般烤盘，可以用来烤方形蛋糕或小甜饼。厚重的金属制品最好，这样在加热或冷却时才不会变形。

烘焙纸可以垫在烤模底部，方便蛋糕脱模。

不粘油喷剂的成分中有油和卵磷脂。有时在烤模内部撒一些面粉，也有助于烤好的蛋糕顺利脱模。抹上奶油或起酥油也有相同效果。

烤盘常用的硅胶垫片可提供一个不粘表层，让烤好的小甜饼容易脱模。

蛋糕烤模边带会在烤模内缘围一圈，让边缘的蛋糕糊受热较慢，所以也凝固得较慢，如此蛋糕在烤箱中会膨胀得比较高而且均匀。

蛋糕测试棒是一根比牙签还要细长的金属棒，能戳入蛋糕中心测试熟度，并会留下一个小洞。不过由于测试棒太细，有时未熟的蛋糕糊未必能沾上测试棒，因此许多厨师会用小刀来代替。

金属架能将烤模架起来，使空气在烤模周围与底部流动，让温度下降得更均匀。

转盘可以让蛋糕在涂上糖衣或亮液时，抹得更均匀。

挤花袋和挤花头对于挤出装饰用糖衣时非常有用。

钟形蛋糕罩能保证蛋糕不被碰到，表面的装饰不会花掉。

CAKES AND COOKIES INGREDIENTS:FLOURS
蛋糕和小甜饼的食材：面粉

面粉含有淀粉与蛋白质，赋予了蛋糕与小甜饼固体结构。

中筋面粉是制作蛋糕时常使用的面粉，具有多种用途，通常也是食谱会指定使用的面粉。中筋面粉含有许多麦麸蛋白，虽不是最理想的面粉类型，但是蛋糕与小甜饼含有大量的糖和脂肪，足以让蛋白质结构软化。有些食谱要求将中筋面粉与马铃薯淀粉或其他淀粉混合，让成品更柔软。

低筋面粉中的蛋白质含量低，粉末细致且用氯处理过，能比一般面粉吸收更多的糖和脂肪，适合用来制作（重油/重糖）蛋糕。市售的蛋糕粉都含有低筋面粉，也是许多蛋糕食谱指定使用的面粉。有些烘焙师傅认为低筋面粉有刺激的味道，而且质地太细腻，因此不用低筋面粉。

自发低筋面粉含有化学膨发剂。

确认食谱与面粉标签，确定使用的是正确的面粉，中筋面粉和低筋面粉无法经由调整比例来彼此替换。

CAKES AND COOKIES INGREDIENTS : FATS AND OILS
蛋糕和小甜品的食材：脂肪和油

脂肪和油可以破坏与削弱蛋白质-淀粉的结构，使得蛋糕和小甜饼比较湿润柔软。

蛋糕和小甜饼是以糖油拌合法膨发起来的，以固态脂肪来捕捉小气泡并逐渐累积。小气泡在烘焙时会膨发，使得蛋糕膨起而柔软。

脂肪暴露在空气中，**脂肪表面会产生酸败的味道**，即使是包装纸也无法把奶油和起酥油跟空气完全隔开。

奶油或起酥油的表面如果颜色变深或变得透明，就要把这些部分刮除。

油会走味。打开放置几个月后，油就会开始走味、酸败，旧的油使用之前要先尝尝看。

奶油是制作蛋糕时使用的传统脂肪，而目前最精致的蛋糕也是用奶油制成的。奶油的风味和乳脂含量都不同，这个差异对酥皮来说很重要，但对蛋糕而言没那么重要。

糖油拌合时，奶油对温度的敏感程度比起酥油高，通常做出的蛋糕蓬松的程度也较低，但是风味较佳。

起酥油由蔬菜油改造而成，更适合制作蛋糕，与糖拌合的适合温度范围远超奶油。起酥油中含有乳化剂与细致的气泡，都有助于蛋糕膨发。

用起酥油制作的蛋糕发得比较高，而且形状稳定，配合低筋面粉使用可以制作重油/重糖蛋糕，其中糖和脂肪对面粉的比例比传统蛋糕还高。这些食材可以在同一个碗中混合。

起酥油的缺点是含有人造风味。

同时品尝起酥油和奶油，看看两者的味道，并且思考两者的制造过程，以及风味、蓬松度、制作难易程度，然后再选择脂肪与食谱。

人造奶油不能用来烘焙蛋糕。这种奶油是模拟奶油特质，用来涂抹在食物上，无法让蛋糕蓬松。

CAKES AND COOKIES INGREDIENTS : SUGARS
蛋糕和小甜饼的食材：糖

糖能够提供甜味，同时让蛋糕和一些小甜饼的淀粉-蛋白质结构软化，也有助于保留水分。糖能使低水分的小甜饼变脆。糖有很多种，有时彼此不能互用。

白砂糖（食糖）由较粗的晶体组成，糖油拌合时很适合用来产生气泡，在加入液体食材后溶解的速度慢。在含水量低的小甜饼中，这种糖可能不会完全溶解，而为小甜饼带来爽脆的口感。**超细白糖（烘焙用糖）**由细致的晶体组成，有些烘焙师傅喜欢在糖油拌合时使用这种糖。超细白糖比食糖溶得快。将食糖用食物处理机磨碎后，就能变成细砂糖。

粉糖颗粒较细，舌头甚至无法分辨出其中的颗粒，也因此无法用于糖油拌合。粉糖可用于快速制造糖衣或其他滑顺外衣。粉糖含有少量玉米淀粉。

黄砂糖、蜂蜜与糖蜜都具有独特风味，吸收水分的能力也好过白砂糖。这些食材都略带酸性，会和小苏打或其他碱性食材起反应，以产生让面团发起来的气泡。

玉米糖浆的风味温和，在水中会形成葡萄糖和长链葡萄糖。玉米糖浆褐变得速度很快，能够保持水分，但是会减缓小甜饼变硬的速度。

零热量的甜味剂无法取代糖在蛋糕中所扮演的多重角色。

CAKES AND COOKIE INGREDIENTS: EGGS AND LEAVENERS
蛋糕和小甜饼的食材：蛋与膨发剂

蛋对于蛋糕与小甜品的多重特性有几项贡献：提供水分、捕捉空气、提供有助于形成结构的蛋白质，以及提供软化质地兼具乳化功能的蛋黄脂肪。只用蛋清会使得口感较干而松，加了蛋黄的口感中会滋润密致。

大小不同的蛋，蛋黄与蛋清的含量与比例也不同。

确认食谱指定使用的鸡蛋大小，如果你没有食谱所指定的蛋，就得调整蛋的用量。

化学膨发剂（发粉、小苏打）都含有浓缩的碱和酸，溶解时都会产生二氧化碳气体，有助于简易蛋糕和重油蛋糕膨化。

发粉和小苏打两者不可以互换。

小苏打是一种碱性盐，一旦接触到溶解的酸便会产生二氧化碳气体。而这些酸可能来自于某种主要食材，例如白脱牛奶或蜂蜜，或加入的塔塔粉。

发粉本身就含有小苏打和酸，其比例能让二氧化碳的产出量达到最高。一次反应发粉含有塔塔粉或磷酸，在面团混合的时候，就会即刻发挥作用。

双重反应发粉是最有效的化学膨发剂，含有特殊的酸，只有在加热的过程中才会产生气体，此时蛋糕和小甜饼捕捉气体的能力也比较强，发得效果好。其中常用的方法是加入钠铝硫酸盐（SAS），虽然有许多人怀疑这对健康有碍，但这种说法目前没有澄清。

膨发剂要密封保存，小苏打会吸收味道，发粉则会慢慢地反应而失去效用。

测试发粉的方式：舀一匙放到碗中，将热水倒入，发粉应该会剧烈地产生气泡。如果没有这般反应，这批发粉便无法使用。

制作应急用的一次反应发粉：将一茶匙小苏打（15克）、两茶匙塔塔粉（18克）和一茶匙的玉米淀粉（11克）混合在一起。

鹿角精也是化学膨发剂，但只能用来制作薄而干的小甜饼，用在其他烘焙食物会残留令人不快的氨。

注意不要加太多膨化剂到面包和小甜饼中。太多膨发剂会使得面糊膨发得太快然后塌陷。一般的惯用法则是1茶匙发粉或1/4茶匙小苏打（1克），搭配120克的面粉。如果食谱制定的分量超过太多，就要加以调整。

CAKE AND COOKIE INGREDIENTS: CHOCOLATE AND COCOA
蛋糕和小甜饼的食材：巧克力与可可粉

巧克力与可可粉不但构成了巧克力蛋糕与小甜饼的结构，也赋予风味。这些食材含有来自可可豆的固态颗粒，这种固态颗粒的作用类似淀粉，而且会吸收水分。

市售的巧克力和可可粉是固态的，其中含有不同比例的可可固形物、可可脂和其他添加食材。

巧克力一定含有可可粉和可可脂，有的会加入糖和乳固形物。有时巧克力会标示含有的可可固形物和可可脂的比例。烘焙用巧克力的可可固形物和可可脂成分达100%，黑巧克力的含量则在50%~80%，牛奶巧克力的含量则低于一半。白巧克力不含有可可粉，只有可可脂、糖和乳固形物。

尽量使用食谱指定的巧克力。如果你要用烘焙巧克力取代黑巧克力，那么巧克力要少加一些，多用点糖。如果反过来，就要多加巧克力而少加些糖。

可可粉的主要成分来自于可可豆的固体颗粒，具有强烈的风味，有时候甚至带有刺激的味道。可可粉有甜的和不甜的，并制造成两种不同的形式。

“天然”可可粉，通常制作成美式的，有酸味。

“荷式”可可粉，通常制作成欧洲式的，经过化学处理，呈碱性，带有温和风味。

你要确定食谱中指定的是哪一种可可粉。如果你以荷式可可粉取代天然可可粉，蛋糕可能会发不起来，也可能会因为碱太多而有肥皂味。

不含面粉的巧克力蛋糕是以巧克力（和可可）取代面粉，通常还会加入坚果粉（粗细皆有），靠鸡蛋来让蛋糕凝结。不含面粉的巧克力蛋糕要用天然可可粉才会凝固得漂亮。如果使用荷氏可可粉，鸡蛋不易凝结。此时可用酸性的塔塔粉来平衡碱性，并且减少发粉用量。

制作烘焙点心时，巧克力和可可是可以彼此替换的，但替换时要留意调整其他食材的比例。巧克力含有脂肪、糖，可可粉亦然，所以在替换的时候，要调整脂肪和糖的量。

THE ESSENTIALS OF CAKE MAKING
蛋糕制作要点

制作蛋糕有三项重要步骤：量取食材、混合食材以及烘焙。

一开始要量取所有的食材，以重量为单位，尽量使用可靠的电子秤。如果以体积为单位，就要准确遵照食谱指示。

依照正确的次序将食材彻底混合，让食材透气蓬松。

用大小合适的烤盘或烤模，并且用已经确认过温度的烤箱来烘焙，如此面糊膨胀到最高时，热度才会刚好足以凝固面糊。

蛋糕由两组不同的主要食材构成。第一组是面粉和鸡蛋，两者味道温和，用来形成蛋糕的结构。另一组是糖和脂肪，不但能为蛋糕增添甜味和丰厚口感，也能破坏蛋白质结构，让蛋糕滋润柔软。第五种食材是气泡，散布在上述四种食材之间，使得蛋糕蓬松美味。

在好的食谱中，食材的比例与类型会彼此搭配、维持平衡。

面粉和鸡蛋太多会使得蛋糕干而无味，糖或脂肪太多则会让蛋糕结实而潮湿。低筋面粉容纳的糖和脂肪比中筋面粉多，起酥油比奶油不易破坏面糊结构。

不要用其他食材来取代食谱中指定的食材。除非食材已经经过试验和比例调整。

搅拌的过程可以让面糊中的食材分布均匀、捕捉空气，使面糊膨发、蛋糕的质地更蓬松。混合的过程分成好几个步骤，每个步骤完成后，记得要把黏附在搅拌器、打蛋器和碗上的食材刮下，加入混料用于下一个步骤搅拌，这样混合得才充分。

· 面粉和化学膨发剂与可可粉要混合均匀，以免有些地方膨发剂过度集中而直接膨胀。

· 干的食材要筛过，颗粒才会分散蓬松，如此便可更快更均匀地和湿的食材混合。

· 使用面粉筛或细筛网。

· 利用电动搅拌机把气泡打入软化的脂肪、蛋汁或混合好的食材之中。

· 把含有空气的脂肪或鸡蛋和其他食材混合在一起。

糖油拌合法和切拌法是特殊的混合技巧，通常用于制作蛋糕以及小甜饼。

糖油拌合法是持续搅打软化半固体的奶油或起酥油，同时加入糖晶体，使脂肪中的微小气泡逐渐增加。糖油拌合法需要10分钟以上的时间，且得注意控制奶油的温度。

切拌法是以手工混合两种面糊食材，其中一种松软而另一种密实，从而不让气泡消失。使用抹刀把轻的食材挖起，然后垂直压入第二种食材，第二种食材再从下往上翻起、盖过，如此不断重复。

切拌法是混合发泡蛋白和其他蛋糕食材的标准手法，有些厨师觉得用笼形打蛋器快速搅拌也一样有效。

蛋糕有两种基本类型，由空气拌入面糊的不同方式来区分。

奶油蛋糕包括基本的蛋白蛋糕、黄色蛋糕、磅蛋糕和巧克力蛋糕。制作方式是把空气打入奶油或起酥油，甚至是整个面糊之中。

蛋沫类蛋糕包括天使蛋糕、戚风蛋糕和海绵蛋糕，这些蛋糕是把空气打入蛋清或全蛋中制成蛋沫，然后再将蛋沫打入其他食材。

MIXING BUTTER-CAKE BATTERS
制作奶油蛋糕面糊

标准的奶油蛋糕面糊有多种搅拌方式，以下是最常用的三种：

糖油拌合法是传统的方式，虽然费时，却是制作出蓬松、轻盈蛋糕的最佳方式。做法是将半固体的奶油或起酥油（或两种的混合）混入白砂糖或超细白糖一起搅打，以捕捉能够让蛋糕蓬发的空气泡。

· 如果厨房温度超过18℃，要准备大的容器，装入冷水或冰水，这样在拌合奶油时才可以快速冷却奶油。

· 冷的油脂和糖大约需要搅打5~10分钟，直到混料变得蓬松轻盈。如果使用桌上型搅拌器，速度调到中速；若使用手持式电动打蛋器，由于效率较低，要高速搅拌。

· 不要让奶油的温度升到20℃以上，起酥油的温度不可高过30℃。搅拌时的摩擦会产生热，脂肪若是融化，所包覆的空气泡就会消失。如果碗的底部温度升高，就停止打发并且让碗冷却。

· 开慢速，分批将其他食材混入打好的脂肪，以免打出气泡粗大的蛋沫，或让面粉中的麸质变得强韧。蛋一次打入一个，均匀搅入面糊，然后加入部分面粉，接着加入部分液体食材，之后加入所有面粉，最后加入剩下的液体食材。

两阶段混合法比糖油拌合法容易且快速，可以制作出更柔软、致密的蛋糕。

· 把所有干食材彻底混合均匀。

· 在另一个碗中把所有湿食材混合均匀。

· 把软化的奶油或起酥油放到干食材中，用中等速度稍微搅拌。

· 将湿的食材分批加入，直到混合均匀为止。

单阶段混法最简单，但做出的蛋糕不如其他方法松软，最好使用低筋面粉和起酥油来当做食材，超市的蛋糕大多是用这种方法。

先把膨发剂之外的干食材全部混合起来。

把起酥油和湿食材加入。先以低速搅拌数分钟，然后改用中速，最后一分钟再加入发粉。

另一个方式是先把干食材、脂肪和大部分的奶油混在一起，接着加入剩下的牛奶和鸡蛋，然后用低速搅拌，最后用中速搅拌数分钟。

MIXING EGG-FOAM BATTERS
制作蛋沫类蛋糕面糊

制作海绵蛋糕、戚风蛋糕和天使蛋糕时，要把空气搅拌到鸡蛋而非脂肪中，让蛋糕发起。用鸡蛋膨发的蛋糕质地通常比奶油蛋糕软，风味则不如奶油蛋糕浓郁。蛋清和蛋黄可以分开搅打，也可以一起搅打。天使蛋糕只用到蛋清。

蛋清蛋黄分开来打，做出的面糊比较蓬松。

· 打蛋清时一定要加入塔塔粉或柠檬汁。酸可以让鸡蛋泡沫稳定，同时让天使蛋糕内部维持白净。

· 打蛋黄时要加入一点糖，打到蛋黄因为含有空气泡沫而变得轻盈。

· 蛋清打入另一个碗中，加入塔塔粉打到蛋白泡沫的尖端垂软，然后加入剩下的糖，打到蛋白泡沫的尖端挺立为止。

· 面粉筛过放到蛋黄中，加入剩下三分之一的蛋白，搅拌后以切拌法拌入打发好的蛋清中。奶油可以直接融化，最后再拌入面糊。

全蛋一起搅拌的方式比较简单。

· 全蛋加砂糖一起搅拌，一开始用低速，然后调至中速，直到混料变成奶油色且空气泡让混料变稠为止，之后再加入其他液体食材搅打。

· 把面粉筛入混料上方，切拌混匀。

· 奶油要分开来打，直到柔软呈乳脂状，然后加入少许面糊变得更柔软，之后才能慢慢拌入面糊。

· **法式海绵蛋糕的面糊**能制作出干而结实的蛋糕，需要用果酱来增加湿润感。

· 把全蛋和糖在40℃下搅拌。

· 从高速、中速到低速打发约10~15分钟，直到蛋汁变得浓稠且体积膨胀三倍。取出部分打好的蛋汁，接着和融化的奶油拌匀。

· 将面粉切拌到打好的蛋汁中，然后加入奶油混合均匀。

PREPARING AND FILLING THE PAN
面糊倒入烤盘

烤盘的材质和形状，对于烤箱将面糊转变为蛋糕的过程，会有很大的影响。

挑选表面不光亮的烤盘或烤模，导热会更均匀。光亮的烤盘会反射热辐射，减缓加热过程。黑色的烤模在蛋糕中心熟透时，会让蛋糕周围烤成褐色。中空的烤模能增加面糊表面积，加速烤热的过程。锅底烤模的边和底是可以分离的。硅胶烤模让烤好的蛋糕容易脱模。

面糊不要倒太满，以免烘烤时溢出；也不要倒太少，否则上层会烤不熟。面糊高度应该在烤模高度的2/3~3/4之间。烤模可以先盛水，然后把水倒出，量量看体积有多少。

若要烤模不粘，烤模表面先抹上一层厚厚的乳化奶油，或喷上不粘油涂层，这样大部分的蛋糕就不会粘在烤模上了。波浪边的蛋糕模上油要特别彻底。上过油的烤模底部可以再衬上抹了油的烘焙纸。

在涂上油的烤模底部撒上一些面粉，面糊比较容易均匀地分布在烤模之中。

戚风蛋糕和天使蛋糕的烤模不需要抹油，这两种蛋糕比较容易破，需直接静置于烤模中冷却。

倒入面糊后，轻敲锅面，或用锋利的刀插入面糊划几刀，好让面糊稳稳地填满烤模。

BAKING AND COOLING
烘焙与冷却

烤箱中的热量会使蛋糕面糊中的气泡扩张，进而让面糊膨胀。热量也会使面糊中的蛋白质和淀粉凝固。

烤得适中的蛋糕，面糊会膨胀到极限，而且会非常松软。

烘焙蛋糕最好使用电烤箱。瓦斯烤箱无法保留有助于蛋糕膨胀的水蒸气。

烤箱的温度以及烤模在烤箱中的位置，会影响面糊受热的速度，以及蛋糕成品的口感。

低温烘焙，加热的时间较长，蛋糕膨胀得较高，孔洞比较大。

高温烘焙，加热的时间较短，蛋糕较为密实，但质地比较细致。

烘焙蛋糕大多使用中温，160~190℃。低于这个温度，蛋糕凝固得速度太慢；高于这温度，一旦内部熟透，表面就已经烤焦。

若要均匀加热，把烤模放到烤箱中间的架子。为了避免蛋糕上层太快烤焦，可以在最上层的架子上放一块铝箔，或将它置于烤模上方，以遮挡一些辐射热。

若要让面糊底部快速加热而膨胀，可把烘焙石板放在烤箱底部预热，再把烤模置于烘焙石板上，或把烤模放在最底层的烤架。

蛋糕尚未烤熟之前，不要打开烤箱，以保留蒸汽，加速蛋糕的受热膨胀。

及早检查蛋糕的熟度，要在蛋糕边缘开始收缩之前便开始检查。

检查熟度可以用蛋糕测试棒、串肉针或刀子刺入蛋糕。

熟度适中的蛋糕大多不会有东西残留在刀面上。除非要求保持半熟、留下液体，或要做出布丁般的质地。

刚烤好的蛋糕柔软脆弱，冷了之后才比较结实。

脆弱的戚风蛋糕和天使蛋糕要留在烤模中冷却至室温。

中空烤模要倒扣在酒瓶上，让蛋糕在变结实的同时，以中立把蛋糕完全拉开。

蛋糕只要边缘稍微冷却结实之后，即可取出。

把烤模放在架子上几分钟，用刀子沿着蛋糕边缘移动，让蛋糕边缘和烤模分离，然后将烤盘倒扣在盘子上，让蛋糕落下。之后蛋糕要放在架子上冷却。

蛋糕要完全冷却之后才能进行装饰，以免蛋糕破裂，或糖衣、亮液融化。

TROUBLESHOOTING CAKES
蛋糕的疑难排解

如果使用新的食谱，做出来的效果不佳，可能是食谱中有些地方出了问题。

如果遵照的是熟悉或可靠的食谱，结果也不好，就可能是食材或步骤出了问题。

彻底思考哪里出了错，下次调整食材或步骤。

许多蛋糕没有做好是因为蛋糕面糊在凝固前膨胀得不够或过头。

确定搅拌面糊的时间够长，足以打满空气。

确定膨发剂的分量与品质。膨发剂太多会制作出粗糙、塌陷的蛋糕，膨发剂太少会让蛋糕质地过于密实、表面凹凸不平。一般标准的用量是1/4茶匙小苏打（1克）或一茶匙发粉（5克）搭配120克面粉。旧的发粉不要用，换上新的。

蛋糕若含有粗糙的颗粒或塌陷，这是搅拌不足或烤箱温度太低所导致，使得蛋糕的中心部分没有膨胀，或塌陷的时候蛋糕才凝结。下次可能要提高烘焙温度，或加长搅拌时间。

蛋糕破裂或中央突然隆起，可能是面糊搅拌过度，或烤箱温度过高，使得表面已经凝固，蛋糕中央还是继续膨胀。下次可能要降低烘焙温度，或缩短搅拌时间。

蛋糕干硬是因为烤太久，下次早一点检查热度。

在高海拔地区烘焙，需要大幅度调整食材比例和烘焙方式。在海拔超过900米以上的地方，面糊膨胀与干燥的速度会快很多。

在海拔高的地区制作面糊，需要调整比例食材，多加一点水，并让蛋糕凝固快一些。减少糖和膨发剂，增加蛋、其他液体和面粉的分量，用白脱牛奶代替牛奶可加快蛋白质凝固速度。

蛋清打到泡沫的尖端垂软即可，这样有助于蛋清膨胀得更大。

使用空心烤模，并提高烘焙的温度，可以加速面糊加热以及凝固的过程。

CUPCAKES, SHEET CAKES, AND FRUITCAKES
杯形蛋糕、方形蛋糕和干果蛋糕

杯形蛋糕的食材是标准的蛋糕面糊，放在杯形烤模中，很快就能烤好。烤模要涂油或衬纸，以免蛋糕粘连。

制作杯形蛋糕，面糊倒入杯子中2/3的高度，在175℃的温度下烘焙大约20分钟。

提早检查热度以免烤得太干。用牙签或其他探测器插入中心。如果没有任何粘连，就要取出蛋糕，之后先放置几分钟，待蛋糕冷却、结实之后，再从杯形烤模中取出。

方形蛋糕和蛋糕卷是用标准的面糊，在烤模上铺成薄薄一层，烤10~15分钟。

为避免蛋糕粘连，在烤模上铺一张烘焙纸或蜡纸。

面糊要铺得厚薄一致，薄的部位边缘容易烧焦破裂。

避免蛋糕破裂。快要烤好的时候要注意，以免烤过头。如果蛋糕卷最后太干而无法卷起，可以涂上一层薄薄的糖浆。

干果蛋糕是一种含有大量坚果和糖渍水果的奶油蛋糕。干果蛋糕烤好之后，通常会浸在烈酒中数个星期，让风味更丰润。

如果要让干果蛋糕更湿润，要先把干燥的水果浸在烈酒或糖浆中，水果就不会吸收面糊的水分。

干果蛋糕要完全冷却结实之后，才能从蛋糕模中取出。因为坚果和水果会破坏面糊的结构。

浸过烈酒的干果蛋糕在室温下可以放置数个星期，在冰箱中可以放几个月，要密封以免变干。

MUFFINS AND QUICK CAKES
马芬和简单蛋糕

马芬和简单蛋糕类似速发面包，但是甜而且丰润，是用发粉或小苏打膨发的，不用像一般蛋糕耗力地把空气打入。

马芬和简单蛋糕的面糊在搅拌的时候要尽量快，以免让膨发的气体流失，以及产生坚韧的麸质。标准的方法是把糖加到液体食材中搅拌溶解，然后与膨发剂混合。

如果要让马芬有高耸的顶端，需把让面糊几乎填满，然后用较高的温度烘焙（200~220℃），并且确定面糊没有发过头。

及早检查熟度，不同杯形烤模的导热特性差异很大。简单蛋糕也可以装在蛋糕烤模或吐司烤模中烘焙，烤熟的时间也不同。如果牙签或其他探测器具插入中央而没有粘上面糊，就马上把蛋糕移出烤箱。移出的马芬和简单蛋糕先放凉几分钟，比较结实之后，再从烤盘中取出。

马芬和简单蛋糕含有糖和脂肪，比速发面包容易保存，在室温下可以保存一两天，冷藏储存可以放一个多星期，冷冻可以存放几个月。

不新鲜的马芬和简单蛋糕可以重新加热，直到蛋糕冒出蒸汽、内部变软为止。

GLAZES, ICINGS, FROSTINGS, AND FILLINGS
亮液、糖衣、糖霜与馅料

蛋糕外衣既好看又好吃，也有助于蛋糕保持湿润及食用品质。外衣的脂肪保水能力特别强。皇家糖霜、翻糖和其他全糖制成的外衣会吸收水分，如果空气潮湿反而会变黏。

蛋糕馅料通常呈乳脂状，与蛋糕本身的质地形成对比。

蛋糕馅料通常是甜的发泡鲜奶油、鸡蛋基底的卡仕达、水果凝乳、以淀粉作为稳定剂的卡仕达奶油馅、巧克力和鲜奶油的混合物以及巧克力酱。

如果用较稳定的发泡鲜奶油当馅料，选择在鲜奶油中以明胶作为稳定剂的食谱。鲜奶打到泡沫尖端垂软即可，这样最后不论用涂抹或压挤的，鲜奶油都不至于开裂。

蛋糕的外衣有许多形式。可以用新鲜水果蜜饯做成的亮液、以糖果糖浆加入液体搅拌到能够涂抹的糖衣、甜味的奶油乳酪或发泡鲜奶油和各种蛋白霜，以及其他精心制作的食材。

以下是制作蛋糕外衣的注意事项：

热糖浆倒入鸡蛋时，注意不要倒入搅拌中的面糊，因为这样会使糖浆被甩到碗的边缘而结成硬块。

如果要让流动的亮液和糖衣非常滑润，就涂两层。第一层要完全覆盖蛋糕表面，第二层则完全不要碰到蛋糕。

巧克力糖衣是巧克力在温水、温的鲜奶油、糖浆或无水奶油中融化制成，混合物比较稀薄，能够倒在蛋糕上流开，形成柔软的外衣。巧克力糖衣可以冷藏或冷冻，要使用时慢慢加热。

巧克力糖衣可以更光亮，加入一些奶油、油或玉米糖浆即可。巧克力糖衣如果要维持光亮，不可冷藏或密封。

皇家糖霜可用来做出精细的装饰花样，制作方式是把蛋清打好，加入五倍重量的粉糖，如此便可以制作出紧密厚实的蛋白霜。

美式蛋白霜是一种熟蛋白霜，质地结实光亮。作法是把糖加热到112~116℃的“软球”状态，然后把糖浆加入正在搅拌器中搅拌的蛋清。注意糖浆不要倒在搅动的叶片上，要持续搅拌到混合物冷却为止。

翻糖是一种结实、密致的乳脂状亮液，口感滑顺，其中的糖浆把糖的微小晶体黏结在一起，可以染色或调味。

淋面用的翻糖是熟的，能形成薄薄的外衣。装饰用的翻糖能够揉捏，形成较厚的外衣。这两种翻糖都有现成的可以买。

制作淋面用的翻糖时将糖和水加热，加入塔塔粉或玉米糖浆，让糖晶体维持细小的状态。当混料温度介于112~116℃时，会变成软球状态，此时直接倒在抹上水的工作台面，让翻糖的温度下降到65℃，接着搅拌刮动翻糖，让翻糖干燥呈现白色。用手揉捏部分翻糖，使之变得滑顺。翻糖盖着，室温下静置可以放置一两天，冷藏可以放置几个星期。

使用淋面用的翻糖时，可以把调味品和色素揉进去，然后加热到38~41℃。如果还是太浓无法倒出，再加一些糖浆即可。

制作装饰用的翻糖时，要把明胶放到热水中溶开，加入玉米糖浆、甘油和起酥油，再加入粉糖，揉捏到光滑为止。装饰用的翻糖盖着，室温下静置可以放置数小时，冷藏可以放数日。

使用装饰用的翻糖时，表面先抹油，以免粘连，擀开的厚度不要薄于0.5厘米，蛋糕表面才能维持最光滑的样子。翻糖要用擀的，绝对不要用拉的，以免拉破。如果翻糖出现裂痕，用保鲜膜包起来以免变干。

奶油糖霜坚硬而密致，是糖和脂肪的混合物，可以调味，装入挤花器从挤花头制作装饰花样。传统的奶油糖霜是以糖、奶油与鸡蛋费工制成。简单的奶油糖霜是由粉糖、奶油、起酥油搅拌而成，几分钟就可以做好。

制作传统的法式奶油馅时，把蛋黄或全蛋打到起泡，然后细细洒入加热至112~116℃的糖浆，再把空气打入，形成质地致密的混料，然后静置让温度下降到温暖的室温，接着慢慢地将软化的奶油和调味品搅打进去。法式奶油馅可以冷藏数天，也可冷冻几个月，但即使紧密包好，奶油仍会吸收异味。

如果讲究安全，奶油糖霜可以用高温杀菌的鸡蛋来做。用隔水加热的方式，把打好的鸡蛋和糖持续在70℃下搅拌。然后用高速打发10~15分钟，直到混合物冷却变硬。加入剩下的糖，再把软化的奶油和调味品打进去。

奶油糖霜可以冷藏或冷冻，解冻时要放进冰箱，之后重新搅打，以恢复原来的浓稠度。

若要制作简易的奶油糖霜，可以把奶油、起酥油或粉糖一起搅打。粉糖很细、缺乏颗粒感，其中玉米淀粉会吸收水分而抑制乳油分离。脂肪含量高，奶油糖霜就会柔软；糖的含量高，糖霜就会比较硬。

使用奶油糖霜时，需加热到室温，重新搅打，然后轻轻打到变软容易涂开为止。

COOKIES AND BROWNIES
小甜饼和布朗尼

小甜饼是迷你的蛋糕或者酥皮，质地湿润或干燥皆可，也可以介于两者之间。许多小甜饼面团的做法类似蛋糕面糊，但是小甜饼含的面粉多、液体少。小甜饼面团或面糊不但可以冷藏保存，而且只要几分钟就能烤好，很容易就可以吃到新鲜小甜饼。

小甜饼面团通常含水量很少，轻微的比例变化就会影响烘焙时面团的完整程度，更会大幅度影响成品的黏稠度与形状。

用来制作小甜饼面团与面糊的面粉，通常是蛋白质含量低的酥皮用面粉、低筋面粉，或美国南方品牌的中筋面粉，成品才会酥脆。全美品牌的中筋面粉麸质较多，吸收的水分也多，如果用这种中筋面粉制作小甜饼，成品会比较硬、干，在烘焙时也比较不容易摊开。

如果要用中筋面粉来制作柔软的小甜饼，1/4的面粉（以重量计）要换成玉米淀粉。

可可粉、巧克力和坚果（包括坚果酱和坚果粉）如果取代部分或全部面粉，做出来的小甜饼会比较松软而具有风味。这些食材含有淀粉或类似淀粉的颗粒与脂肪，但是没有会让质地变坚韧的蛋白质。

食谱中如果用到真正的奶油，对小甜饼的质地非常重要，不可以用人造奶油或低脂的涂酱代替。

小甜饼面团的做法，一开始大多是将糖与奶油（或起酥油）一起搅打，产生让小甜饼蓬松的气泡。如果食谱中用到膨发剂，就要充分和面粉搅拌均匀，以免质地不均，产生奇怪的味道。将膨发剂拌入面粉，接着打入鸡蛋，一次加一个，混合均匀。最后一次混合时尽量少搅动，以免产生麸质，也避免鸡蛋中的蛋白质产生泡沫。

小甜饼面团做好之后，最好冷藏数小时，让水分分布得更均匀，同时让麸质放松，也让脂肪变坚硬，这样缺角才会漂亮。

如果要让风味更浓厚，可以冷藏数天，把面团密封紧紧包好。

面团在冷藏时，淀粉和蛋白质会慢慢分解，这样制作出来的小甜饼颜色会比较深，风味更浓郁。

面团冷冻能够放得较久，可以先切好，以免重复解冻又冷冻。

小甜饼面团的大小可以依你想要的品质来决定，小的小甜饼各部分都一样脆或软，大的小甜饼边缘是脆的而内部是滋润的。

烤小甜饼时用厚重的烤盘，这样成品的品质才会一致。

在烤盘铺上硅胶垫片、烘焙纸或其他可避免粘连的涂层。如果烤箱没有风扇，每次就只能烤一层。烤盘要放到烤箱中层，必要时转动烤盘，让加热更均匀。

小甜饼很快就会烤好，要密切检查。

烤好的小甜饼要放在烤盘中冷却到变得结实，之后才取出。如果冷却后放置太久，粘在烤盘上，放回烤箱加热一两分钟就容易取出了。

小甜饼若要保存，先放在架子上完全冷却，让水分充分消散，以免腐败。小甜饼要密封，以免水分散失或变潮。

小甜饼变硬之后，若要软化，可以在中温烤箱中加热数分钟，或放入微波炉，用中等功率加热数秒钟。

调整小甜饼的食谱，通常是依据特殊的质地和形状需求。

调整了一种食材，通常其他食材也需要随之调整，以达到平衡。

· 如果要小甜饼不那么容易碎裂，多加点鸡蛋。

· 如果要小甜饼更松软，多加点脂肪或蛋黄，少加点白砂糖。

· 如果要小甜饼更酥脆，多加点白砂糖。

· 如果要小甜饼更滋润，用黄砂糖、玉米糖浆、龙舌莱糖浆或蜂蜜，取代一些白砂糖。

· 如果要加深小甜饼的颜色和增加风味，用黄砂糖、玉米糖浆、龙舌莱糖浆或蜂蜜来取代部分的糖，或打入小苏打。

· 如果要让小甜饼摊得更开，用起酥油取代奶油，用白砂糖取代超细白糖。

· 如果要让小甜饼不摊得那么开，用奶油取代起酥油，用荷式可可粉取代天然可可粉。

布朗尼是介于小甜饼和蛋糕之间的甜品，用的是小甜饼的食谱，但是会减少面团或面糊中的面粉用量。布朗尼可以是蛋糕状或乳脂软糖状，也可以是有外壳或无外壳的。

制作质地与蛋糕相近的布朗尼，面粉分量要多过液体分量，以可可来代替巧克力。要烤到牙签或刀子插入中心部位，不会粘上面糊为止。

制作质地与乳脂软糖相近的布朗尼，面粉分量较少，以巧克力代替可可粉。烤到刚好成形即可，此时牙签或刀子插入中央会粘上一点面糊。

为了避免让薄的表面结成硬壳，鸡蛋要缓缓混入面糊。若是想要有硬壳，面糊再加入鸡蛋后要用力搅打。

如果不想让布朗尼外酥内软，可以用高温烘烤。平常是150℃，此时要调高到180℃。

分切布朗尼需等到完全冷却之后，才会切得漂亮。

第八章

CHAPTER 8

GRIDDLE CAKES, CREPES, POPOVERS, AND FRYING BATTERS

煎饼、可丽饼、鸡蛋泡泡芙与炸面糊

面糊的基本原料很简单，但加热方式和所用膨发剂不同，便可使风味与质地产生很大差异。

煎饼类的点心都是由面糊制成的，液体加入面粉变得浓稠之后，摊成薄片，很快就能够煎熟。面糊的基本原料很简单：面粉、牛奶、鸡蛋、奶油或其他脂肪，但以不同的加热方式，再加上一些膨发剂，就可使风味与质地产生莫大差异。

这样的面糊，如果倒在炙热的平底锅上，只要一分钟，就会变成浅色、湿润而扁平的可丽饼。同样的面糊如果倒入马芬的烤模，放入高温烤箱30分钟，就会成为酥脆焦黄的鸡蛋泡泡芙。如果放在烤盘中，则成为卡仕达般焦黄的约克夏布丁。这样的面糊如果混入一点酵母菌或化学发粉，放在平底锅里煎，就成了俄罗斯布林饼或美式松饼，放到格子松饼烤模中就成了格子松饼。这样的面糊如果不加脂肪和牛奶，只用水，就成了油炸馅饼或其他高温油炸食物用的面衣或面糊了。

将这类面糊加入蔬菜，放在平底锅里煎，就成了韩式煎饼或越式煎饼。

多年来，我料理了无数次这种面糊食物。但是我费了一番功夫才了解到这些食物其实有密切的关联，而且基本配方还可以有许多变化。如果液体中有足够的面粉来增加重量，那么这种混料的流动情形就不像是水，而类似稀薄的奶油：且加热之后就会凝固。液体和面粉的体积比是1：1（重量比则是2：1）。你可以自行决定这种混料的调味和加料方式，是否要多加面粉让面糊更浓稠，是否加入发粉让成品更蓬松，还有如何料理。

如果你是首次尝试制作鸡蛋泡泡芙或格子松饼，那么最安全的方是就是遵循食谱。不过如果只是煎个煎饼，那么弹性就大得多，随着灵感，从基本配方开始进行变化，创造出你自己的煎饼。

GRIDDLE CAKE AND BATTER SAFETY
煎饼和面糊的安全

面糊食物会完全烤熟，因此如果是新鲜的，不会有健康隐患。

许多食谱都建议，面糊制作好之后要放置几个小时，好让其中比较干的原料充分吸收水分。

冷藏面糊。如果醒面糊的时间超过两个小时就得冷藏，面糊中有鸡蛋则更需如此。

冷藏吃剩的煎饼。煎饼吃剩之后如果要放上几个小时，就得冷藏。

GRIDDLE CAKE INGREDIENTS AND STORAGE
煎饼食材与保存

面糊的材料一般家庭的厨房都有，没有需要特别注意的事项。

购买新鲜的面粉和膨发剂，如果已经放置了好几个月，就换新的。小苏打和发粉（泡打粉）会吸收怪味，让面粉变得不新鲜，导致全谷类面粉酸败。

市售的预拌煎饼粉和格子煎饼粉有各种不同的完整程度。有些主要成分是面粉和膨发剂，因此需要外加牛奶和鸡蛋；有些只需要加水；有些则已经制成混合面糊了。这些混合好的成品容易变得不新鲜而走味，而且比一切从头自己做起，也只是稍微方便一点而已。

面糊可在冰箱中存放一两天，但这个过程会使发粉的功效减弱。如果使用酵母菌发面，使用前要回温1~2小时，让酵母菌产生气泡。

吃剩下的煎饼和鸡蛋泡泡芙需要冷藏或冷冻。煎饼可以在中温烤箱中加热，鸡蛋泡泡芙在高温烤箱中则稍微烤一下就会恢复酥脆。

THE ESSENTIALS OF MAKING FRIED AND BAKED BATTERS
煎面糊与烤面糊的制作要点

这类面糊食物成功的关键在于，制作出粘稠度相当的面糊，然后在合适的温度下加热。这两点在烹调时都很容易调整。**面糊的黏稠度**会决定最后成品的质地。浓稠的面糊会形成结实、蛋糕般的质地；较稀的面糊则会制作出较湿润、轻盈的质地。你可以自行调整比例，多加一点水、面粉或膨发剂，自行调配出你要的质地。

大部分的面糊食物应该是柔软而没有嚼劲的。

使用低筋面粉或混合面粉，这样就不会产生坚硬有嚼劲的质地。这类面粉包括酥皮面粉、蛋糕面粉，以及混合了玉米淀粉或荞麦粉、米粉或玉米粉的中筋面粉。

奶油和其他固态脂肪都有助于让成品柔软，但是要先在牛奶中搅打均匀后才倒入面糊。

面粉混入液体食材时，搅拌到足以均匀混合即可，把麸质的发展与强度降到最低。

煎饼可以不用膨发剂。可以用酵母菌、发粉或小苏打加上酸性食材来膨发，也可以用打发的蛋清来膨发。

不要放太多化学膨发剂，太多会使得面团塌陷而变得粗糙、紧密，并产生刺激的风味。通常的比例是一茶匙（5克）的发粉搭配一杯（120克）面粉，或1.2茶匙（2克）的小苏打搭配一杯（250毫升）白脱牛奶。

为了避免蓝莓和坚果变成奇怪的绿色与灰色，要特别留意会造成这种结果的碱性小苏打。苏打要完全和面粉混合均匀，避免集中在一处。可以用发粉取代一些小苏打，降低面糊整体的碱性。

在食谱中使用发粉取代部分用来中和面糊酸性的小苏打，弱酸性能够让风味与质地变得比较好。

如果不想用发粉或酵母菌来发面糊，或要让成品更蓬松，可以在烹调之前拌入发泡蛋白。

一般而言，不加酵母菌的煎饼面糊，要在烹调之前放置一个小时，好让面粉有时间吸收水分，并在煎熟后产生轻柔细腻的口感。若放置两个小时以上则需冷藏。格子煎饼追求的是酥脆而非柔软，因此不需这么做。

小苏打（或发粉）和一两匙面粉（及打好的蛋清）先不加入面糊，等到烹调之前才放，如此可让蓬松的程度最大化。发粉和面粉要先混合好再加入，这样才会分布均匀。

不时检查面糊的黏稠度，在面糊醒好以及烹调之时。缓缓加入一些液体并加以搅拌，以让面糊保持流体，同时增加蓬松的质地。

煎饼要在不粘锅或用油处理过的锅子里煎。平底煎锅的面积可能比炉火的加热范围还大，煎的时候要注意加热区域是否均匀，并且随时调整。

锅中的脂肪和油不要添加太多，以免过于油腻。

用中火慢煎几分钟，这样表面才会有引人垂涎的焦黄色，整张饼也能够熟透。如果使用非接触式温度计来测量锅子温度，应该是介于160~175℃，此时如果滴上一滴水，水滴会发出滋滋声，并在几秒钟内蒸发殆尽。

盘子、配料（包括奶油和糖浆）都要先热好，因为薄薄的煎饼很容易冷掉。

PANCAKES AND BLINI
松饼与俄罗斯布林饼

松饼是很湿润柔软的薄饼，是用较稀薄且能在锅子中轻易流开的面糊制成。

俄罗斯布林饼是用酵母菌发过的松饼，通常会加入奶油和荞麦粉，让口感更丰富细致。

用酵母菌膨发过的面糊在倒入煎锅之后膨胀。面糊在油煎之前稍微搅拌一下，可以除去大的气泡。

要制作特别细致的松饼，制作面糊时用优格或白脱牛奶取代水即可。用这些比较黏稠的液体来制作面糊，只需要较少的面粉，就能到达一定的黏稠度。用小苏打来取代部分或全部的发粉，则可以中和酸性。不过松饼稍带点酸味也是一个不错的选择。

面糊倒入锅子时，锅子表面要留下几匙面糊的空间，让面糊加热时有膨胀空间。

松饼翻面。一旦面糊上层的边缘凝固、中央开始冒泡，即可翻面。不要等到边缘变干、中央泡泡破裂才翻面，这样的松饼口感粗糙干燥。

要让第一片松饼的颜色和之后的一样均匀，一开始就要确保把油抹在锅子表面，这样所有的面糊才能直接接触到金属。

如果内部还没有熟，松饼表面在中温之下却已焦黄，就表示面糊太浓稠。可以加水或牛奶把面糊调稀，这样面糊才会扩散得开，让松饼的厚度较薄。

松饼煎好之后不要叠起来，除非立即食用，否则松饼会被压扁并且吸收蒸汽。松饼要摊开在盘子或架子上，放在低温烤箱中。

德国和奥地利的松饼是以面粉或淀粉作为稳定剂的甜味舒芙蕾，一开始用热的油锅煎，然后放入烤箱烤熟。蛋清打至发泡，用来膨胀松饼，然后拌入加了糖的蛋黄与面粉。

要做出松软的烤松饼，先把蛋白和塔塔粉打发到稳固湿润的状态，这样煎的时候才会开展。轻柔地把其他食材拌入，以免气泡减少，接着立即把面糊倒入预热好的油锅中。

CREPES AND BLINTZES
可丽饼与薄烙馅饼

可丽饼是很细致的煎饼，厚度只有0.1厘米，通常在小而浅的煎锅里加热，一次制作一片，质地湿润，具有足够的弹性可以对折再对折成扇状，在里面放入馅料，或直接卷起馅料食用。

薄烙馅饼基本上就是单面的可丽饼，朝上那面放置馅料，对折之后再以奶油煎熟。

可丽饼的面糊要在油煎之前两个小时准备好，这样面粉颗粒才会充分吸收水分，并在煎一两分钟之后变得更软。

可丽饼的面糊要很稀薄，浓稠度要介于牛奶和奶油之间，这样倒在热锅子上才能很快地散开，不会厚薄不均。下锅之前可用水调节温度，如果煎得时间变长，面糊浓度也要加以调整。

锅子只要上一点油或者奶油就好了，以免油腻。可丽饼不像松饼那样能吸油。

锅子预热到120~135℃，此时滴一滴水下去，水会轻轻地喷溅。然后锅子抹上油或脂肪，倒入面糊。倘若温度太高面糊会在尚未散开之前就凝固，造成受热不均匀，会让可丽饼出现泡泡和洞。

一旦可丽饼可以和锅子分开，就要翻面或转动，这大约在面糊下锅后一分钟左右。第二面也煎到可以和锅子分开的程度就好了，煎太久会变干。

不列塔尼式可丽饼或法式酥饼（galette）是使用荞麦粉制作的，容易破裂且无法翻面，所以在面糊中要拌入几匙能够产生黏性的面粉，然后加入足够的水，以达到合适的浓稠度。

可丽饼经密封后可冷藏数日，冷冻则可以保存几个星期。

CLAFOUTIS
克拉芙堤

克拉芙堤是没有外皮的水果馅派，用类似可丽饼的面糊包围水果块制成。

在烹调前一个小时就要把面糊制作好，让食材充分吸水，这样成品的质地才会均匀。

不能使用能脱底的烤模，因为这种面糊很稀薄，容易在尚未定型之前就漏出来。

如果要把克拉芙堤切得漂亮，可先将部分面糊倒入烤模，让底部一层烤熟定形之后放上水果，最后再倒入剩下的面糊烤熟。

若要让克拉芙堤内部保持湿润口感，外部定形后就不要再继续烘焙。

克拉芙堤要等到完全冷却之后再切。

WAFFLES
格子煎饼

格子煎饼（华夫饼）讲究的是爽脆的外皮，面糊的制作方法比较像是油炸用面糊，而不是松饼用面糊。格子煎饼的凹口状烤盘表面积很大，能让表皮的面积大幅增加。

保持格子煎饼的外皮酥脆且容易脱模的要诀：

· 加入大量脂肪，通常每杯面粉（120克）要加入115克奶油，或让面粉大约与奶油等重。

· 面糊要稀薄。稀薄的面糊散得开，容易覆盖在烤模上，这样皮才会酥脆，尤其是使用需要翻面烘烤的比利时格子煎饼烤模。

· 格子煎饼面糊迅速混合之后要立即烘烤，重点是让面粉来不及吸收到太多水分。

低脂的格子煎饼食谱（以及松饼食谱），做出的外皮会比较细密而坚硬，如果吸收了水分就会变得坚韧。

烤盘中要留点空间，好让煎饼膨胀，这样烤出的成品才会松软。如果面糊倒太多，格子煎饼就会变得如松饼般密实。

要避免格子煎饼粘在烤模上，烤模表面要好好上油，或使用具有不沾涂层的烤模，并且彻底清除前次烹调残留的脂肪。烤模要预热完全才倒入面糊，盖子夹紧，等到蒸汽大量减少时才打开。

如果格子煎饼不容易脱模，那么再烤一两分钟让表面干燥。

要让格子煎饼在上桌之前保持表皮酥脆，可用架子盛装置于低温烤箱中。

吃剩的格子煎饼，密封可以冷藏数日，冷冻保存则没有期限。放在中温烤箱或最低温的烤面包机中加热，可以重新变得酥脆。

POPVERS
鸡蛋泡泡芙

鸡蛋泡泡芙是杯形蛋糕般形状不规则的酥皮点心，中心呈空心状态，以可丽饼面糊制成，金属杯子盛装，在高温烤箱中烘焙而成。就在面糊受热产生蒸汽而让面糊膨胀往上顶之时，底部、顶部和周围都会定形。

如果要让面糊膨胀得较高且外皮酥脆，那么要选用部分蛋清和全蛋分开来打发的食谱。

使用的金属烤杯要深，并且要一个个分开。这样才能均匀受热，鸡蛋泡泡芙发得才会高。杯子要上油，必要时可先在烤箱中预热。面糊只需倒至烤杯一半的高度。

鸡蛋泡泡芙要在230℃的高温烤箱中烘焙15~20分钟之后面糊才会完全膨胀。接着调低温度，才会让内部烤熟而表皮又不会太焦。

若要节省时间和能源，就从冷的烤杯和烤箱中开始烘焙。

许多食谱提示：如果要让面糊涨得最大，要先预热烤箱和烤杯。然而就算没有预热烤箱、烤杯和脂肪，鸡蛋泡泡芙依然能膨胀得很好。

将烤好的鸡蛋泡泡芙的侧边割出一道口，让蒸汽冒出，以免鸡蛋泡泡芙塌陷。

保存鸡蛋泡泡芙，密封可以冷藏数日，冷冻可以储存几个星期。

要让剩余的鸡蛋泡泡芙恢复酥脆，在烤箱中加热5分钟即可。

FRYING AND FRITTER BATTERS
炸面糊与油炸馅饼面糊

炸面糊与油炸馅饼面糊是把液体和面粉混合成稀薄的面糊，然后包裹固态食物去炸；或把小块食物黏结在一起，包裹起来油炸。炸出的成品具有爽脆而柔软的外皮。

好的炸面糊要有足够的蛋白质（来自面粉或鸡蛋，或两者并用），才能把面糊和食物黏结起来。如果面粉麸质或蛋黄太多，就会炸出密实、坚硬而油腻的外皮。

如果要制造出柔软而酥脆的外皮，可用玉米淀粉或米粉取代部分小麦面粉，以减少面粉中的麸质，并让蛋清的比例高于蛋黄。

如果要让外皮更酥脆，可用伏特加取代一半的液体，因为酒精能限制麸质的形成，并且减少淀粉吸收的水分。酒精在油炸之时会蒸发，几乎不会残留在面皮中。

如果要让外皮更轻盈、松脆，需加入膨发剂让面团形成脆弱的气泡。可以加入发粉，或在最后拌入发泡蛋白，也可以用非常冰的啤酒或碳酸水作为液体食材。

面糊尽量少搅动，最好在油炸之前再混合。如此面粉几乎没有机会吸收水分，炸出来的面皮就酥脆。如果油炸时间超过一小时，就得分别备好固体食材与液体食材，油炸之前再分批搅拌成面糊。

日本的天妇罗面糊能做出特别细致、有不规则花边的外皮。做法是油炸之前才把冷水、面粉和鸡蛋稍微搅拌在一起，而且不必拌得十分均匀，以减少坚硬麸质的产生。短时间内制作的面糊才能产生酥脆的外皮。

要让面糊牢牢黏附在食物上，在浸入面糊之前，可先撒上干的面粉或淀粉。

用新鲜、风味平淡的油来炸。新鲜的油比旧的油稀薄，不容易黏附食物。

油炸时要经常检查油温，并且加以调整以维持所需温度，通常是160~190℃，最初一两分钟需要以较大的火候来维持温度，之后就可以调小。

沾过肉或鱼的面糊超过四小时以后就要丢掉。重复沾过生食材的面糊可能含有许多致病的细菌。

第九章

CHAPTER 9

ICE CREAMS, ICES, MOUSSES, AND JELLIES

冰淇淋、冰品、慕斯与明胶冻

冰凉与冰冻的点心在口中融化的感受，是对于甜美滋味的典型描述。

冰凉与冰冻的点心在口中融化的感受，是对于甜美滋味的典型描述。这些点心令人感到清凉透心，拥有诱人的口感，在口中由固体消散为奇异的美味液体。

冷藏与冷冻可以赋予食物立体性和硬度，这点和加热是相似的，但是食物经冷藏与冷冻之后，所产生的变化却具有可逆性。许多冰品与果冻都可以加热融化，调整成分，然后再次冷却。至于冷盘，制作过程安全简单，即使质地未尽完美，也依然可口，适合作为儿童学习烹调的起点。价格最划算的冰淇淋机，依然要数利用冰和盐的桶状冰淇淋机，因为它的制作过程趣味十足。我们甚至可以用三个冷冻袋，一些水和盐，轻易地凑合出一个冰淇淋机。

制作冰淇淋通常最注重口感滑顺，而这种口感来自于混料的急速冷冻和对晶体大小的完美控制——这种晶体小到舌头都无法察觉。诚然，家用机器制作出的冰淇淋很难达到商业冰淇淋的滑顺口感。当我发现这的确是无法突破的难题后，不禁自问：冰淇淋为何一定要追求滑顺的口感呢？

当然没有必要！我甚至发现有本早期的冰淇淋食谱中，把冰淇淋称为“带针尖的”，因为就是要刻意制作出大的冰晶。于是我就照着做了，发现这些冰晶刚开始的确刺刺的，但是立即就融入滑顺的奶油，所以每咬一口就有两种截然不同的口感，我很喜欢这种冰淇淋。现在也仍在家制作这种冰淇淋。后来我又发现了土耳其与周边国家的兰茎粉冰淇淋 ，这种冰淇淋是把某种特定的兰花球茎磨成粉，加到冰淇淋中，然后像面粉一样揉捏，让冰淇淋变得浓稠以刻意产生嚼劲。你也可用刺槐达到类似效果，或用瓜尔豆胶这种更常见的增味剂也可以。香荚兰、巧克力和奶油口味虽然都很不错，但是也可以想想其他的可能性。如果你要自己制作冰淇淋，何不制作拥有个人风格的冰淇淋？

COLD AND FROZEN FOOD SAFETY
冰品的安全

冷藏与冷冻食品比起其他许多食物都安全得多。因为这些食物都是在低温下制作与食用的，微生物在这样的温度下生长得十分慢。

然而，冷藏与冷冻食品在处理的过程中若不够谨慎，或使用了受污染的食材，依然会造成疾病。

如同一般食物的安全预防措施，制作冷藏与冷冻食物也不例外。双手、器具和生的食材都要洗过，肉、鱼和高汤都要煮透，注意不要让这些食物碰触到没有煮熟的食物。

生的或半生的鸡蛋，有时会用来制作慕斯或舒芙蕾等冷食。这些鸡蛋会有受到沙门氏菌污染的风险，进而导致疾病。

要排除沙门氏菌致病的可能，可以使用高温杀菌蛋，或以蛋白粉来取代新鲜鸡蛋。

在厨房中也可以帮鸡蛋杀菌，蛋黄加糖，蛋清加塔塔粉，再隔水加热到70℃，然后熄火，持续搅拌到凉了为止。

SHOPPING FOR AND STORING COLD FOODS
挑选与储藏冷藏与冷冻食品

最好的冷藏与冷冻食品，有着良好的风味和稳定的口感。食材都是高品质的水果、果汁、新鲜牛奶、鲜奶油和鸡蛋，还有天然香料。要制作属于你自己的冰冻水果、冰冻食品和冰淇淋，就要用这些食材。

许多工业化食品都纷纷效仿这些新鲜食品，使用廉价的脱水乳制品和鸡蛋食材、萃取物或人工香料，大量的玉米糖浆以及淀粉、胶质等稳定剂，还有防腐剂。

在购买之前阅读标签，了解你究竟买了什么。想买到品质新鲜的冰品甜食，就要选择成分种类最少的品牌。这些成分也要最为人所熟悉。

选购冰淇淋时，要称一下重量，比较价格，一盒市售的冰淇淋中，可能有一半体积都是气泡，因此小而密实的冰淇淋，其固体含量未必会比大包装的少。

冷冻食品部分回温之后又重新冷冻，会破坏食物的质地，即使后来完全冷冻了也无济于事，部分回温会让小冰晶融化；重新冷冻之后，这些融化的水会附着在其他冰晶上，形成较大的冰晶。这种温度循环的过程会让细致滑顺的质地变得粗糙而带有颗粒感。

买东西的时候带着保温桶，好维持冷冻食品的低温。

在结账之前再从冰柜中拿取冷藏与冷冻食品。

选择温度最低的，这些通常会放在冷藏柜的最里面。

挑小包装的冷冻点心，这样才能很快吃完。

在冰箱的门开启又关闭时，压缩机会反复运作与停止，使得冰品温度经常变化。每次食用再冰回，容器盖子开了又关起，会让冰品不断解冻又冷冻，使得冰品质地越来越粗糙。

冷冻室的温度越低越好，最好低于－18℃。

吃剩的冰品要尽量封紧，以减少冷冻时间丧失水分的情形，同时可避免吸收冰箱中的异味。保鲜膜要直接贴覆在冰淇淋和冰品表面。

要吃之前将冰品回温到－7℃，如此可以保持结实口感但又不会太过坚硬。

盛装食品或冷品的盘子要先冰过，这样食物上桌时才能维持冰凉。

THE ESSENTIALS OF FREEZING ICES AND ICE CREAMS
冰品与冰淇淋的冷冻要点

在冷冻的过程中，原本液态混料中的水大多会变成冰晶，其他混料则成为糖浆状的物质，包裹在冰晶表面，形成滑顺的质地。

冰品与冰淇淋的黏稠度取决于冰晶大小以及包裹冰晶混料的比例，冰晶越小，质地越细致。糖浆状液体和其他食材越多，冰晶就相隔得越远，质地也越柔软。

冰晶大小和糖浆状食材所占的比例，会因为食材、冷冻方式以及食用温度的不同而有所变化。

要让冰晶较少，质地更顺滑，混料就得较甜，且要快速冷冻及持续搅拌。

要让质地较软，混料就得较甜，且提高食用温度。

混料中如果加太多糖，黏稠冰品和冰淇淋就会有黏稠感，且渗出糖浆。

其他的混料食材也有助于产生细致、柔软的质地，例如玉米糖浆、蜂蜜、酒精、蛋黄、奶粉、明胶、脂肪、果胶和空气。

冰品和冰淇淋有两种基本的冷冻方式。

· **精致冷冻法**是将混料放在盘子或模具中冷冻，在降温过程中尽量不搅动，这样制作出来的冰品质地粗糙坚硬，除非里面含有许多阻碍结晶的物质、糖、脂肪、蛋白质、果胶以及作为乳化剂的蛋黄。

· **搅动冷冻法**是使用器具频繁或持续地搅动混料，产生出来的冰晶颗粒较小，质地顺滑。搅动同时也会把空气打入混料，使得冰品比较松软，容易挖取。

冰淇淋机有三种：电动制冰机、冷媒制冰桶以及盐卤制冰桶。

· **电动制冰机**是一台小型的冷藏室，会在冷却的过程中同时搅动与挤压混料，大部分的电动制冰机冷却的能力有限，制作出来的冰品相当软，若立即食用相当美味，一旦放入冰箱就会变得坚硬而粗糙。

· **冷媒制冰桶**的底部及外壁是中空的，里面放有冷媒，需要在冷冻室中放过夜才能让混料结冻。

· 要让混料在制冰桶中确实结冻，先把混料放在冷冻室中预冷到开始结冰，才移入制冰桶。

· 要在制冰桶中制作出滑顺的冰淇淋，并防止搅拌器被冻住，得持续转动搅拌器。

· **盐卤制冰桶**是原始冰淇淋机器的现代版，功效良好。这个机器会以冰和盐的冰盐卤包围混料。盐卤之中，盐的比例越高，盐的温度就越低。

· 要让混料尽快结冻，得让盐的温度远低于混料的冰点，通常是 -7℃以下。

制作冰品有四个步骤：混合材料、预冷混料、冷冻混料、让刚冷冻好的冰品变得更硬。

把食材混合起来，其中有些食材可能需要先煮过。糖浆无需特地制作，除非你要同时快速地制作好几份不同的混料。糖不用加热也能很快溶解。

冰品的调味要大胆。当入口的是低温食物，我们对风味的知觉能力会降低，因此风味要重才会察觉得出来。

把混料放到冷冻室中预冷，不时搅拌，直到容器边缘开始结冻。这个过程有助于加速搅拌过程，产生细致的质地。

如果要在制冰桶或制冰机中继续冷却混料，那么混料在制冰桶中装到2/3满即可，保留空间让混料与空气混合而膨胀，并能盖过搅拌器的上缘，如果想在接近冷冻完成之际加入坚果、水果等食材，就要预留更多空间。

搅动到混料硬得无法再搅动为止。如果要让冰品非常松软，那么要在混料开始变硬时用最快的速度搅动，此时混料才有能力捕捉空气，让质地变得柔软。

如果要在没有制冰桶或制冰机的情况下慢慢冷冻混料，那么使用浅而广的锅，以提供较大面积让热能散逸。偶尔搅动与刮动混料，以免结冻。缓慢的结冻过程可能要花费数小时，时间长短视混料的体积而定，而且质地会比较粗糙。

如果要在没有制冰桶或制冰机的情况下快速冷冻少量混料，把混料装在塑胶夹链袋中摊平。这个方法只需花费约30分钟，而且质地比缓慢冷冻的更为细致。

· 将500毫升的混料放在4升装的冷冻袋中预冷。

· 将150克的颗粒盐混入1~1.3公斤重的冰块，制成冰盐卤。把盛装混料的袋子，浸入整碗冰盐卤，并偶尔揉捏袋子让袋中的食材平均降温，直到混料变硬为止。

如果要让摊平的混料均匀降温，且减少盐卤的用量，可以把盐卤也放入袋中。将0.5公斤的盐溶入3升的水，制成盐卤，接着分装到两个4升的袋子中，放在冰箱中冷冻至少5小时，接着把预冷过的混料袋放置在两个盐卤袋之间冷冻。

刚做好的冷冻混料若要完全结实，需放到冰箱中冷冻几个小时才会完成。混料可以分装到两三个预冷过的容器中，以加速冷冻。记得盖子盖好，以免吸收异味。

直接从冷冻库拿出来的食物太冷，并不好吃。质地过于坚硬，会让牙齿和头部感到疼痛。

冰淇淋和冰品要回温到零下14℃~零下7℃方可食用。

如果冰品取出食用之后还要再冷冻，那么得将你吃的分量尽快挖出，剩下的立即放回去冷冻，以减少冰晶颗粒产生。

冰品和冰淇淋要迅速回温，可以把容器拿去微波5~10秒，然后检查质地，是否需要重复加热。微波能够深入冷冻的食品中，让食物稍微融化而使冰品变得柔软。

ICE CREAMS
冰淇淋

冰淇淋是由鲜奶油和加了糖的牛奶混料冷冻制成，能在口中融化。

好的冰淇淋质地滑顺、结实，带有一点嚼劲，冰凉而不冻，会缓慢而均匀地融化。

制作美味冰淇淋的关键，在于均匀混合食材以及快速冷冻，如此才能使小的冰晶被甜美、浓厚而浓缩的鲜奶油包围。

要制作出口感滑顺的冰淇淋，基本混料是用等量的全脂牛奶和高脂鲜牛奶，加上占总液量20%的糖（大约是500毫升的液体就加入100克的糖）。这样混料中的糖分和乳脂含量都很高。

有些食材可以提供滑顺的口感，取代部分脂肪和糖。这些食材包括蛋黄、蒸发乳、奶粉、玉米糖浆、淀粉、果胶、胶质和明胶。

冰淇淋有三种基本形式：新鲜（费城式）冰淇淋、法式冰淇淋、意式冰淇淋。

· **新鲜冰淇淋**是把新鲜牛奶、鲜奶油、糖、香料混合在一起冷冻而成，是最简单的冰淇淋，有着单纯地鲜奶油风味。新鲜时最好吃，存放后会变得硬而粗糙，其中脂肪的含量相当高。

· **法式冰淇淋**是由牛奶、蛋黄、糖、香料混合煮熟后制成，有时也会加上鲜奶油。将这些食材一起搅拌加热，使质地成为卡仕达般黏稠，然后再冷冻，会产生非常滑顺的质地。法式冰淇淋通常不太加鲜奶油，因此脂肪的含量相当低。如果要让混料口感浓郁，也可以放入高脂鲜奶油。

· **意式冰淇淋**则是由烹煮过的牛奶（有时是鲜奶油）混合大量的蛋黄（每500毫升牛奶用到5个蛋黄以上），然后轻轻搅动，避免混入空气，因此密度最高。意式冰淇淋由于含有大量用于乳化的蛋白质和蛋黄，质地非常滑顺，有明亮的光泽。

少脂、低脂和无脂的冰淇淋、冰牛奶和冷冻酸奶，所含的乳脂低于市售冰淇淋和乳脂标准（10%）。这些产品使用脱脂奶粉、玉米糖浆和各种胶质，来取代能产生滑顺质地的乳脂。

霜淇淋（软质冰淇淋）所含的脂肪与糖会比一般的冰淇淋少，因为这种冰淇淋的食用温度较高，处于半融状态。

冷冻酸奶脂肪含量也低，所含的酸味让人精神一振。市售的冷冻酸奶几乎不含酸奶及有益菌。

若要自制有着新鲜风味与活菌的冷冻酸奶，把糖和蜜饯放入原味优格，混合之后预冷，然后再冷冻即可。

自制冰淇淋时，应使用最新鲜的牛奶和鲜奶油。超高温杀菌鲜奶油比起较少见的高温杀菌鲜奶油，风味更为平淡，但是能够使冰晶维持细小，并且可以避免一个不小心便搅拌出奶油。美味的酸冰淇淋可以用法式鲜奶油来做。

处理含有高脂鲜牛奶的混料时要小心，避免把其中的脂肪搅拌成奶油，混料要彻底预冷，搅拌时间则越短越好。

如果要使用完整的香荚兰豆或其他香料，先把香料加入热的牛奶或鲜奶油，再混入其他食材。如果使用香料萃取物，就得等到混料冷却之后才加入。加少许盐可以凸显出其他风味。

制作法式冰淇淋混料方法:

把蛋和糖打在一起，牛奶（和鲜奶油）则分开加热到80℃，然后把熬的液体倒入蛋汁（不要把蛋倒入热的液体，以免蛋汁凝固）。

把混料加热并搅拌黏稠，加热至大约70℃。

迅速把混料端离火源，然后搅拌到凉。将混料细筛过，然后预冷。

放心地让冰淇淋混料放置数小时。市售的冰淇淋混料中含有明胶和作为稳定剂的胶质，因此成熟的过程十分重要，不过自制冰淇淋时，高温杀菌的鲜奶油很容易在成熟过程中乳油分离而形成奶油。

混料放入冷冻室预冷，偶尔搅拌并且刮除边缘的冰晶。可以把混料分装到小容器中加速预冷。当混料的温度降到零下1℃，或几分钟之内就形成新的冰晶时，即可放入冷冻室。

混料在冰淇淋机里面迅速冷冻的过程中，得频繁地持续搅拌，如此能制造出最细致的冰晶和口感，并可避免让鲜奶油发生乳油分离而出现奶油。如果使用静止冷冻法，将混料放在锅里，每隔几分钟就要搅拌并刮除冰晶。

如果使用空气制造出蓬松感，等混料变成半固体状态时剧烈搅拌，来包住空气。

要制作如意式冰淇淋般密实的冰淇淋，搅拌半固体混料时就得尽量不要搅入空气。

坚果、水果丁或巧克力等固体食材，要等到搅拌动作即将完成时才能放入。

让混料变硬。当混料硬到无法搅拌时，就放到冷冻室中继续变硬。

把混料分装到数个预冷过的较小的容器中。

冰淇淋放置的地方越冷越好，最好是放在冷冻室深处。保鲜膜要直接贴敷在冰淇淋表面，以免吸收到冰箱异味或冻伤。保鲜膜下的空气要尽量排出。

想趁着冰淇淋硬实之时，挖出细致蓬松的冰淇淋，可用刮勺边缘在冰淇淋表面刮出薄而绵长的带状冰淇淋，然后滚成球状。

用冷冻过的碗来盛装冰淇淋食用。

ICES, GRANITAS, SOUBETS, AND SHERBETS
冰品、冰沙、雪泥和雪酪冻

冰品是以水果本身或调味过的水（咖啡、茶、可可、酒）以及糖，有时也会加入牛奶，直接冷冻制成。这种冰品会在口中融化，带来酸甜清新的湿润口感。

冰沙也是结冻的冰品，通常没有雪泥那么甜，刻意制作得比较粗并带颗粒感。

雪泥是搅碎的冰，味道较甜而质地细致。

雪酪冻是含有牛奶的雪泥。

大部分的冰品都很耐放，甚至具有可逆性。要吃的时候，冰品可以放在食物料理机中磨成粉状，制造出柔软的口感，也可以融化、改良、再结冻起来。

冰品的质地取决于混料中糖的分量，以及所用水果的质地。

糖越多冰晶就越小，质地就越细致。

比起稀薄的果泥和果汁，浓厚的果泥能做出颗粒更细致的冰。用杏子、覆盆子和凤梨果泥制作出来的冰品，颗粒会特别细致。

如果要制作口感特别滑顺的冰品，可以使用含有大量油脂的酪梨，比例约占水果总量的1/4。如果用多了，就会吃出酪梨味。

如果混料中糖的重量占25% ~ 30%（包括水果所含的糖），就能做出口感顺滑的冰品。调配比例是每500毫升的水加入45~90克的糖。如果糖少了，质地就会较为粗糙；糖多了，质地就会较为甜腻、黏稠。

如果要制作糖分少而口感滑顺的冰品，可以用玉米糖浆或几匙酒精含量高的烈酒或香甜酒，代替其中1/4的糖分。

如果刻意要制作颗粒粗糙的冰沙，糖就要尽量少加。

若要平衡额外添加糖分所产生的甜味，可以加入柠檬汁、青柠汁或柠檬酸。

有些果汁或果泥，用水稀释之后风味更细致，吃起来也比较不像单纯的冷冻水果，例如哈密瓜和梨子。很酸的柠檬汁、莱姆汁需要稀释才会可口。稀释也能让你用同样分量的水果做出更多冰品。

制作简易的冰沙，将混料放在锅子里冷冻，不需搅拌，食用时就用汤匙或叉子刮取表面的冰晶，装在预冻的容器里。也可稍微放置一会，等解冻至可直接以叉子捣裂，然后以手动方式或食物调理机磨碎。

制作从冷冻库拿出就可以直接食用的冰沙，在冷冻过程中就得偶尔搅拌混料，以形成松散的冰晶团块。

制作雪泥和雪酪冻，混料要放冷冻室预冻，并偶尔搅拌，一旦混料在容器边缘开始产生结晶，就放到冰淇淋机中搅拌到变硬为止。

冰品都要密封保存，保鲜膜要直接贴覆在冰品表面，以免冰品吸收冰箱异味。

食用前先回温，以易于挖取和食用。要快速回温，可以连同容器放到微波炉中加热10秒钟，检查质地，若有必要可以重复加热。

用冷冻过的碗盛装冰品。

COLD AND FROZEN MOUSSES AND SOUFFLÉS
冰凉与冷冻的慕斯和舒芙蕾

慕斯是由具有风味的液体、食物泥或食物糊，混合发泡蛋白或发泡鲜奶油（或两者并用），以产生结晶与蓬松感，然后冷却或冷冻定形后食用。

冷冻慕斯是自制冰淇淋之外另一种好选择，冷冻时不需要搅拌，通常质地滑顺，而且很容易就可以食用。

如果要制作出风味十足的慕斯，得把会稀释味道的鸡蛋或发泡鲜奶油的分量减到最少。

若要维持泡沫的体积，得轻轻地切拌食材和泡沫。切拌时，先把1/4的泡沫和其余混料充分混合，让混料比较蓬松，然后再把混料倒入剩余的泡沫（或泡沫倒入混料中）。搅拌时垂直上下动作，直到拌匀为止。

明胶存在于巴伐利亚卡士达及某些慕斯的基本食材中，可提供额外的稳定结晶，以方便脱模，同时产生诱人的光泽。先把混料加热到38℃，然后才加入明胶，并在降温之前让明胶均匀散开。

慕斯冷却之后要冷藏到十分冰凉，而且完全定形，单人份至少要冷藏2小时，较大分量的则要4小时。

冷冻慕斯和舒芙蕾基本上是比较蓬松的冰品和冰淇淋，是把水果泥、巧克力或香甜酒，以及发泡鲜奶油或鸡蛋（或两者并用）混合在一起，放在模子或单人份杯子中拿去冷冻，冷冻过程不需搅拌。

意大利冰糕（semifreddo）是蛋糕加上法式冰淇淋，再加入发泡鲜奶油而变得轻盈松软的混料，冷藏或冷冻后制成的。

冷冻慕斯如果要减少颗粒感，选择含有蛋黄、玉米糖浆或明胶的食谱，这三种食材会干扰冰晶的形成。然后再以发泡鲜奶油或发泡蛋白来增加慕斯的体积。

若要得到最多的膨松感，泡沫轻柔地与基本混料切拌。

慕斯和舒芙蕾要以保鲜膜稍微覆盖，以降低冷藏与冷冻时所吸收的异味。

COLD JELLIES
冷盘冻

冷盘冻是风味十足、光亮、滑溜且大多为透明的胶体，能在口中融化。冷盘冻通常以各种液体制成，包括肉类高汤（肉冻）、葡萄酒、烈酒（酒冻）、新鲜的蔬果泥或蔬果汁、牛奶、鲜奶油（意式奶冻），肉片、鱼片、鸡蛋、蔬菜和水果等，都可以加入冷冻。

明胶可以让液体变成固体的冻，明胶是从动物的皮和骨头萃取出的蛋白质，融入温或热的液体中会消失无踪，冷却后会凝固成湿润的固体，接触到人体温度后（口中或高的室温）就会升温而融化。

如果不想使用动物性明胶，可以使用从海藻碳水化合物制成的植物性明胶来代替。超市可以买到鹿角菜胶，上面附有详细的使用说明。在亚洲传统市场中，可以买到从海藻碳水化合物制成的洋菜冻和明胶冻不同，需要将近沸腾的温度才会融化，冷的时候质地比较脆弱，而且要在85℃才会再度融化，所以洋菜胶在口中不会融化，需要咀嚼。

制作肉冻或其他咸味的冻胶可以不需要买明胶，可用肉或鱼的骨头和皮来熬制含有明胶的澄清浓缩高汤。

市售的明胶有两种形式。

粉状明胶通常是按照袋装、体积或重量计算。每袋明胶的含量通常是7克。

片状明胶通常是以片数或重量计算。每种商品的重量、大小与凝结强度不同。片状明胶和粉状明胶没有通用的换算方法。

这两种明胶在使用之前都要浸泡在冷水中，以免加入温热的液体中会造成结块。如果结块了，持续搅动直到结块完全溶解为止，这个过程会花些时间。

粉状明胶使用前，用较浅的碗盛少量的冷水，把明胶撒入均匀散开，好吸收水分。放置5~10分钟，再将湿润的明胶混合其他食材。

片状明胶使用前，先放入碗里，以冷水完全浸泡5~10分钟，然后取出，挤去多余的水分，再加入其他食材当中。

加入明胶前，应先将其他食材煮好备用。在高温或持续加热之下，明胶会分解而逐渐丧失凝固的能力。

明胶冻得坚硬程度，取决于液体中明胶的浓度，以及所加入的其他食材。明胶太多做出的冻会如橡胶般嚼劲，明胶太少则根本无法凝固。

标准硬度的甜点果冻，市售混合包的明胶含量约占3%，或250毫升的水放一包明胶。

如果要制作质地较软但是依然能够脱模的明胶冻，每500毫升的液体要放一包明胶。如果要让明胶冻达到会颤动程度的细致度，每750毫升的液体放一包明胶。

会让明胶冻更硬的食材，为适量的糖、牛奶和酒精。

会让明胶冻更软的食材，为盐和酸，水果和葡萄酒都含有酸，若用到这两种食材，就要加入较多明胶，如此明胶冻的软硬度才会和使用其他食材一样。

有些水果和香料不适合制作明胶冻，其中含有会分解蛋白质的分解酶，让明胶冻无法凝结成形。这些食材包括：无花果、奇异果、芒果、哈密瓜、木瓜、桃子、凤梨和生竹。这些食材要先完全煮熟才可以使用，或以罐头来取代。

如果要以果汁来制作非常透明的果冻，果汁要先过滤或让它变得澄清。如果需要可以加水稀释。

茶和红酒会使明胶冻变得混浊，因为其中含有单宁，会和明胶的蛋白质聚集成团。

为了避免食材漂浮在明胶冻表面或下沉到底部，可让含有明胶冻的液体变得较黏稠一点，才把固体食材放入，如此可让食材平均分布在明胶冻之中。

明胶混料放入冰箱冷却，几个小时之内就会凝固，若放数日则会缓慢持续变硬。大部分明胶冻所需的凝固时间，比分装成小份的时间要久。

如果明胶冻无法顺利凝结，可以缓缓加热到40℃，然后取出一小部分混料，再撒入一些粉状明胶加以溶解，之后把这些混料加入原来的混料之中。搅拌均匀后，舀一汤匙放到冰箱中迅速冷却。倘若冷却后并未凝固，就重复这个步骤。

明胶冻要存放在冰箱，但是不要冷冻，以免解冻时会有液体渗出。

要将明胶冻从模子中取出并加以切割，可先让模子稍微回温，刀子也微温再切。

如果要把明胶冻切出装饰花样，砧板和刀子都得先预冷，以免明胶冻融化。

明胶冻要盛放在预冷过的碟子上。

第十章

CHAPTER 10

CHOCOLATE AND COCOA

巧克力与可可

成就巧克力光亮、爽脆、甘美的特质，主要在于巧克力的魔力：可可脂。

巧克力是最令人垂涎的美食之一，制作过程也最为繁琐。巧克力的食材是富含油脂的热带作物可可豆。可可豆发酵、干燥之后烘烤，然后磨细、加糖。最后巧克力会散发出强烈的坚果味、水果味、苦味和甜味，口感醇厚，会慢慢在口中融化成丝绒般细致的感受。

巧克力也是食品工业的一大成就，制造商想方设法，将可可豆中的脂肪与固形物分离，并将固形物研磨至舌头难以辨别的程度，才造就出今日口感细致的巧克力。

巧克力食物的制作方式大多不难，不过要自制出如市售巧克力糖或巧克力外衣般光亮、爽脆、甘美的巧克力，才是最大的挑战。

成就这些品质的关键，主要在于巧克力的魔力：可可脂。如果巧克力已经回火，或在融化与冷却的过程中经过仔细处理，那么可可脂就会凝固成平滑的表面，并且有着镜面般的光辉。一旦可可脂完全凝固，固态可可脂破裂时便会产生脆爽的断裂感，并且会在口腔内融化，为舌头带来些丝丝清凉。如果巧克力在定形之前没有回火，表面就会变得暗沉并出现斑点，融化在指尖和舌头上时，会有柔软而油腻的感觉。

回火过程耗时费工，但这是一项奇妙的过程，即使出了错，也很容易从头来过。我对巧克力十分着迷，曾经偷偷把新鲜的可可豆荚带回加州，在自家厨房让可可豆发酵数日，然后干燥、烘焙、磨碎，只为了想要感受为何苦涩无香味的可可豆，能够变成绝顶美味的食物。虽然这种事我没有办法每天都这样做，但是偶尔也能融化一些巧克力，好好回火，然后和烤好的坚果混合在一起，做出和市售巧克力一样新鲜爽脆的巧克力当餐后甜点，享受这种热带种子蕴含的天然美味，体验它为我带来的难以言喻的意外惊喜。

SHOPPING FOR CHOCOLATES AND COCOA
挑选巧克力与可可

可可豆生长在许多热带和亚热带国家，然而绝大多数的可可豆都是被运送到消费可可豆的国后才加工成巧克力和可可粉的。巧克力和可可粉是有着许多变化的食材。市面上贩售的商品有各种不同配方，包括从无糖到高糖的乳固形物、香料等。某种品牌或种类的巧克力制作出完美成品的食谱，要是换用另一个品牌或种类的巧克力，可能就会变成灾难。

要再三确认食谱中所指定的巧克力或可可粉，然后买同品牌的。如果可可固形物的比例也有指定，则要特别注意。如果你买不到，试着依照你买的巧克力调整配方。

尝尝不同品牌的巧克力和可可粉，可以让你拥有更多的选择。

廉价、一般品牌巧克力是由便宜的可可豆制成，可可豆固形物的含量非常少，含糖较多，风味温和。

昂贵的精制或手工巧克力通常含有大量高品质的可可豆固形物，具有强烈而复杂的风味。

牛奶巧克力中含有的可可豆固形物比黑巧克力少，并且加入了奶粉，风味最温和。

白巧克力不含可可豆固形物，只有可可脂、糖、奶粉和香料，味道非常柔和，且大多是牛奶和香甘蓝的风味。

CHOCOLATE SAFETY AND STORAGE
巧克力的安全与保存

巧克力本身和巧克力制成的食物，通常比较干、甜度高，微生物几乎无法在上面生存。

如果巧克力上面出现白色薄膜或斑点，并不需要丢掉，这是因温度变化或湿度增加而产生的脂肪和糖颗粒。这些巧克力可用于烹调，或融化重新回火。

巧克力制成的甜点可以在室温下放置几个星期，如果在气候比较潮湿的地方就要密封，以免表面渗出粒状白色糖斑。如果巧克力中含有坚果就要迅速食用，因为坚果的油脂比巧克力容易走味。

巧克力甜点密封后，可以冷藏或冷冻保存数周甚至几个月。在冷冻之前，先冷藏一两天，解冻时放在冷藏室24小时之后，再放回室温下。快速而剧烈的温度变化，会让巧克力及馅料膨胀或收缩，使巧克力碎裂。冷的巧克力甜点在打开封口前得先完全恢复到室温，否则空气中的水分会凝聚到冷的巧克力上，让巧克力出现斑点，并且变得黏腻。

纯的黑巧克力和牛奶巧克力密封后置于阴凉的室内，可以保存几个月。可可固形物可以预防氧化，但是无法防止风味逐渐流失与巧克力本身碎裂。巧克力要储存在温度变化小的地方，以免表面渗出蜡状油斑。

白巧克力密封后置于阴凉的室内可以保存数个星期，冷藏则可保存更久。白巧克力没有能抗氧化的可可固形物，因此走味的速度要比黑巧克力快。

TOOLS FOR WORKING WITH CHOCOLATE
制作巧克力的工具

使用能够正确控制分量与温度的工具，有助于轻松制作出成功的巧克力。

厨房用秤是不可或缺的工具，这样才能称量出准确的巧克力分量，也比用杯子或匙子量出的准确许多。

精确的温度计很重要，这样才能够确保让巧克力较好地回火。

廉价的即时温度计量出的温度并不准确，数字烹饪温度计会精准得多。特殊的巧克力温度计能够测量40~55℃之间的温度。在回火巧克力时，非接触式的温度计不需要浸入巧克力，因而也不用清洗，非常好用。不过在制作巧克力酱时并不适用，因为其中所含的水分会让读取出来的数据不正确。

木头或硅胶制成的汤匙在搅拌融化的巧克力时，导热性较差，不会巧克力温度流失，能较好地控制巧克力的温度。

隔水加热或双层蒸锅可以用间接的方式慢慢加热。把两个平底深锅叠在一起，下层锅子盛水，直接放在炉火上加热，上层锅子放巧克力，用下层的蒸汽来加热。你也可以把大碗放在比碗口稍窄的平底深锅上，然后直接加热锅子，一样可以达到隔水加热的效果。

注意不要让水滴或蒸汽沾湿了巧克力。用水或水蒸气加热巧克力时，少量的水分就会让巧克力的颗粒结块，形成坚硬的团块。

大理石板或花岗岩板适合用来回火融化的巧克力，即使剧烈刮动也不会损伤巧克力表皮。也可以用上过油的烤盘或硅胶垫来代替石板。

挤花嘴和挤花袋可以挤出漂亮、大小均匀的巧克力酱。

巧克力叉等工具，可用于处理与移动食物，来沾覆融化的巧克力。

巧克力模具能够让融化的巧克力凝固后，形成各种漂亮的形状。

WORKING WITH COCOA POWDER
使用可可粉的方法

可可粉是干燥的可可豆颗粒，巧克力的所有风味几乎都集中在可可粉上，其中可可脂的含量从5%~25%都有。高脂可可粉能做出口感较为丰腴的成品。若需比较不同品牌的可可脂含量，可查阅营养成分表。

速溶可可粉含有糖和乳固形物，能够制成热巧克力。这种速食品原料，不适合用于烘焙。

不含糖的可可粉有两种，各有不同风味，通常不能替换。

天然可可粉没有经过任何处理，颜色赤褐、口感苦涩、带有酸性。这种酸可以和小苏打起反应，让烘焙食物膨胀，并且可以加快面粉和蛋白质凝固的过程。

“荷式”或者“碱性化”、“碱处理”可可粉，都经过与小苏打性质相近的化学物质处理过，口感比较温和，颜色从淡褐色到接近黑色的都有。颜色越深，味道越温和。这种可可粉不是酸性，而是中性或弱碱性，不会和小苏打起反应，也会减缓蛋白质凝固的速度。

确定你买的可可粉是食谱中所要求的类型。如果类型不符，而食谱中又要用到小苏打或酸性物质（例如塔塔粉、白脱乳或柠檬汁），那么就需要调整配方，以小苏打来中和天然可可，或以酸性物质来中和荷式可可粉。

大部分需要可可粉的料理中，最大的困难在于把非常干的颗粒、硬脂肪与其他食材混合在一起。

这些颗粒外面有脂肪包裹着，不容易与其他湿的食材混合均匀，但容易吸收热的液体而结块。

如果要将可可粉和液体混合在一起，可以先把可可粉和少量冷的或温的液体混合成糊状：别使用热的液体，因为那会让可可粉结块。然后把可可粉糊加到其他液体中，冷热皆可。

KINDS OF CHOCOLATE
巧克力的种类

巧克力的种类，主要依照可可食材、糖和乳固形物的比例来区分。几乎所有巧克力都有额外添加可可脂、天然或人工香料，以及卵磷脂（这种乳化剂有助于将颗粒和脂肪融合在一起）。

没有甜味的巧克力完全由可可粉和可可脂组成，不含糖。这种巧克力是能够吸收液体的粉末，吃起来苦涩，巧克力风味浓郁，是用来和其他食材一起料理的，不适合直接吃。

苦甜巧克力或半甜巧克力中的成分至少有1/3来自可可食材（可可粉加可可脂），也可能高达90%，含糖量通常为10%~50%。

市售的苦甜巧克力通常会标示成分百分比。70%巧克力中，可可粉加可可脂总共占70%，糖含量为30%。百分比代表的是巧克力风味和甜味的比例，并不代表品质。

甜巧克力至少含有15%的可可食材，通常不超过50%，糖的含量通常是50%~60%。

牛奶巧克力中至少含有10%的可可豆食材，奶粉含量为15%，糖的含量约为50%。

调温巧克力可以用任何巧克力来做，其中额外添加了充足的可可脂，因此融化时能够顺利流动，形成薄薄一层外衣。

白巧克力不是真正的巧克力，不含可可颗粒或巧克力风味，只有温和或无味的可可脂、糖和奶粉。

合成巧克力外衣或非回火巧克力过程中，部分或全部可可脂都用其他热带种子的脂肪代替。这种巧克力就算在温暖的温度下也不会软化，不需要特别处理就可以维持光滑爽脆。

WORING WITH CHOCOLATE
使用巧克力

巧克力在厨房主要有两种基本使用方式。一种是融化后便直接凝固成巧克力外衣或制成巧克力糖；一种是混入其他食材，以增添其他食材的风味与浓稠度。

要做出光滑、硬实又爽脆的巧克力造型或巧克力外衣，就得在特定的温度范围融化并维持一段时间。这个过程称为“回火”，以下就是回火的过程。

很多巧克力造型及外衣都不需要回火，尤其是刚做好趁鲜吃且不太需要注意口感之时。没有回火过的巧克力一样可口。如果你需要更进一步提升巧克力的外观以及口感，而且时间也足够，才需要回火。

天气较热或厨房温度较高时，不容易处理巧克力。可可脂在体温环境下就会融化，在比较温暖的室温下就会变得软黏。

如果不用回火法来融化巧克力，就把巧克力磨碎或切成小块，隔水加热或直接以小火持续搅拌加热。也可以用非金属制的碗盛装巧克力，以微波炉加热，每隔30秒就拿出来搅拌。

巧克力不可单独加热到50℃以上，纯黑巧克力比较耐热，但依旧要避免过度高温，以免乳化剂受损，使固形物与脂肪分离。

巧克力和其他液体食材（例如牛奶或鲜奶油）混合后，液体食材中的水分会把巧克力中的糖颗粒溶出而形成糖浆，这些糖浆会被粉状的可可颗粒所吸收。

巧克力混料成功的关键在于成分的准确把握。也就是让可可脂、形成糖浆的糖、以及吸收水分的可可颗粒这三种成分达到平衡。

不同的巧克力中，可可脂、可可颗粒和糖的比例并不相同，因此确定要使用食谱中指定的类型，或依照你现有的巧克力调整食谱配方。

若以巧克力含量高的手工巧克力来取代标准的苦甜巧克力，那么巧克力的用量就要减少，糖的分量则应增加。例如用70%的巧克力来取代含量约50%的标准苦甜巧克力，那么巧克力的用量就要减少1/3，增加的糖的分量应为巧克力减少量的两倍。

巧克力和液体混合时，水的重量至少要是巧克力重量的1/4~1/2。水太少会让糖和巧克力颗粒粘在一起，变成很硬的糊。巧克力中可可固形物含量比例越高，水的比例就要越高。如果以鲜奶油作为混合用的液体，记得鲜奶油的含水量只有60%~80%（视其脂含量而定）。

如果巧克力变硬了，可以多加一些液体，这样糖就会溶解。将巧克力切得细碎，液体加热到50℃，然后把两者混合在一起搅拌，直到巧克力完全融化，与液体充分混合。这个过程你可以用碗、搅拌器或食物处理机，注意液体温度得达到38℃以上，才能维持可可脂的融化状态。若有必要，慢慢将液体加热到43℃。

巧克力混料的质地会随着温度与时间的变化而变化。巧克力混料加热时，可可颗粒会持续吸收水分而膨胀，让混料变得黏稠。巧克力混料温度下降到室温以下时，可可脂会凝固而使得混料变得更硬。

要让巧克力混料的质地变轻或变软，可在巧克力混料中加入鲜奶油或奶油，或两者并用。乳脂的质地较可可脂软。

TEMPERING CHOCOLATE
巧克力回火

回火是小心地让巧克力融化再冷却的过程，这样巧克力就会凝固成丝绒般光滑的固体，口感爽脆，同时能在口腔中融化，带来多汁的口感以及清凉的感觉。如果巧克力未经回火，其固体表面便会出现斑纹，咬下时不会爽脆而会柔软，口感油腻或成粉质。

很多巧克力造型及外衣都不需要回火，尤其是刚做好趁鲜吃且不太需要注意口感之时。没有回火过的巧克力一样可口。如果你需要更进一步提升巧克力的外观以及口感，而且时间也足够，才需要回火。

有效的回火方式是将巧克力加热融化，使其中脂肪变成液体，然后稍微冷却，让部分可可脂形成特殊的结晶。这些结晶会在巧克力温度降到室温并变硬的过程中，让剩下的可可脂形成适当的结晶，因而变硬。

回火的方法是，在融化的巧克力中，加入已回火过巧克力的结晶，或让巧克力在融化的过程中自行产生新的结晶。

有很多种有效回火巧克力的方法，其中又有数不清的细微变化。有些需要精确测量温度，有些用手测量就可以了。

要简单又精确地测量温度，使用多点自动非接触式温度计。要先确认温度及是否精确，因为只要温度差一两度，结果就会大不相同。

如果你没有温度计，可以用牙签沾一点巧克力放到双唇之间。黑巧克力回火结束的温度若是正确，应该是不冷也不温。

黑巧克力、牛奶巧克力、白巧克力在回火时需要的温度并不相同。牛奶巧克力和白巧克力的温度要比黑巧克力低2°C。

如果在炉子上加热，要快速地调整温度，使用薄的金属碗，如此隔水加热传到巧克力的速度会比较快。用软的刮勺，才能利落地将附着在碗缘的巧克力刮下。

把巧克力用刀切成小片，这样加热的速度快，也容易搅拌。

融化巧克力的碗要用小火加热，或让碗部分浸泡在60~70°C的热水中隔水加热，也可以放置于65°C的烤箱中。如果要使用微波炉，就要使用非金属制的碗，每加热30秒要停下来搅拌一下。

FOUR METHODS FOR TEMPERING CHOCOLATE
巧克力回火的四种方法

要得到大量的液态回火巧克力，方法有四种。如果全部（或至少部分）的巧克力都是新买的，而且口感爽脆（表明回过火），那么回火是最容易的。巧克力回火机可以自动完成回火过程，方法十分简便，但是机器不便宜。

光亮爽脆的新鲜黑巧克力要转变成液态回火巧克力，融化时得非常小心，先加热到31°C（在唇上感觉不冷也不温），而且温度绝对不可以更高，此时巧克力便已回火。如果你不小心超过这个温度，就继续使用其他方法。

用一块已经回火的巧克力来回火其他大量巧克力，先把后者完全加热到50℃（在唇上会觉得热），然后慢慢降温到34℃（在唇上感觉稍温），再把回火好的巧克力碎块放入大碗缓缓搅拌降温，好让晶体释放出来。当蒸碗巧克力的温度下降到32℃时，把所有未溶解的固体巧克力都取出。此时巧克力便已回火。

从头开始回火黑巧克力，先将巧克力融化到45~50℃（在唇上觉得热），然后慢慢降温到41℃（依然有点热），接着搅拌降温直到巧克力变得非常浓稠，此时已出现晶体。再小心地加热到31~32℃（不温也不凉）。此时巧克力便已回火。

如果要快速从头开始回火巧克力，先将巧克力融化到45~50℃（在唇上会觉得热），把2/3的巧克力倒在干净且干燥的石板、料理台或烤盘上，用刮勺刮动，直到晶体产生并变得浓稠为止，再把这些巧克力倒回剩下的融化巧克力中。如果温度没有降至33℃以下，再以少量的巧克力重复这个动作。若有必要，加温回到31~32℃，如此巧克力便已回火。

要测试巧克力的回火状态，可以用刀尖或一片铝箔纸沾一点巧克力，然后放置一旁。回火完成的巧克力5分钟就会凝固，而且产生均匀的雾面。没有回火完成的巧克力会有10分钟以上处于黏腻的状态，并且会产生斑驳。

USING TEMPERED CHOCOLATE
使用回火好的巧克力

要使用回火好的巧克力，也得使巧克力保持在回火好的状态：结晶的可可脂与液态的可可脂要保持正确比例。

要让回火好的巧克力保持适合料理的流动性，先把巧克力放在碗里，放在32~34℃的温水中，或事先测量好温度的电热盘上。

如果回火好的巧克力变得太黏，是因为已经形成了太多结晶，这样要均匀散开、制成好看巧克力外衣，就十分困难。可以把巧克力以隔水加热方法重新加热，或放到微波炉中热几秒钟，直到巧克力变得具有流动性，但是注意巧克力的温度不可超过32℃。

注意不要搅动或刮动大量凝固在碗边缘的巧克力，这样会使得已经回火好的巧克力温度下降得较快，进而加快结晶和变稠的速度。要把大碗重新加热，待碗缘的巧克力再次融化时再刮下。

其他的食材要事先加温。不论是糖果、饼干、坚果或水果，要裹上巧克力的食物表面都得维持干燥并保持20~27℃的室温。冷的食材会使巧克力太早凝固，让巧克力变软而不爽脆。

刚做好的巧克力或巧克力外衣要放置24小时，这样的巧克力不容易有刮痕，也最为爽脆。如果要让巧克力的边缘漂亮，就要在巧克力凝固之后立即修整，而不是变脆了之后才处理。

CHOCOLATE SPREADING COATING, AND CLUSTERING
巧克力片、巧克力外衣与巧克力块

制作巧克力最简单的方式，就是把它涂抹在坚硬的物体表面，或等它凝固成一片或小块儿，也可以裹在新鲜或干燥的水果、饼干或其他食物外。另一种方法是把巧克力和烤过的坚果混在一起，组成巧克力块。

回火巧克力的表面十分诱人且适应性强， 如果只是稍微触碰到，不会磨损或融化。回火好的巧克力在空气中变硬之后，表面质地均匀且光滑。若在变硬的过程中接触到其他物质，便会受到这些物质特性的影响：倘若接触到的是蜡纸或烘焙纸，就会产生雾面；倘若接触到的是保鲜膜、铝箔或光滑的石板，就会变得光亮；倘若接触到的是叶子，就会产生脉纹。

没有回火的巧克力比较软，品质不均匀也不稳定，很快就会出现条纹或斑点。

如果临时要快速制作巧克力片、巧克力外衣或巧克力块，可以直接融化巧克力而不要回火，然后用汤匙舀出来或直接摊成一片。也可以直接把食物放进去沾或搅拌，然后让巧克力凝固。

这样的巧克力外观和质地都不是最好的，但吃起来依然不错。

若要加快这种巧克力的变硬速度，可以放到冰箱冷藏或冷冻，但是要放在密封的容器中。一旦取出食用，这种巧克力就会开始变软，而且在湿度高的空气中会有水汽凝结在表面而变得潮湿。

比起在室温下凝固的巧克力，冷藏凝固的巧克力在室温下的质地会比较软。

若要让巧克力片、巧克力外衣和巧克力的表面均匀有雾面而且口感爽脆，那么一开始就要回火。之后还要花几个小时让巧克力在室温下凝固，才能产生爽脆的口感。

不要放在冰箱中凝固，这会使巧克力无法变得爽脆。

水果在裹上回火巧克力之前，得加温并擦干，如此巧克力才会牢牢附着且凝固得好。水果在擦干之前，要先清洗并且回温至室温；冷的物体表面会有水汽凝结。

GANACHE
巧克力酱

巧克力酱是巧克力和鲜奶油混合而成的柔软固体，通常会加入香料或烈酒来调味。巧克力酱可用来做松露巧克力的内馅，也可以作为蛋糕的内馅或外衣。巧克力酱做好之后，可能需要打发才会变得蓬松，或加入奶油后才会变得比较软，并让其中的可可脂慢慢凝固。现在有些巧克力制造者做出了水巧克力酱，是用有风味的液体取代鲜奶油，以减少脂肪含量。

巧克力酱的制作方式，是将融化的巧克力和加热过的鲜奶油及其他液体食材充分混合之后，让混料凝固制作而成。

制作巧克力酱的基本方式有三种：把固态巧克力直接混合预热的鲜奶油；把固态巧克力混入冷的鲜奶油之后一起加热；把融化的回火巧克力混合温的鲜奶油。

巧克力酱的质地，取决于巧克力与鲜奶油的种类、两者的比例，以及混合与冷却的过程。巧克力酱是糖浆、可可颗粒与可可脂油滴混合成的紧致固体。可可颗粒和可可脂越多，巧克力酱就越结实。

如果巧克力维持回火的状态，在室温下慢慢冷却，那么巧克力酱就会产生光滑细致的颗粒。如果巧克力脱离回火状态，或凝固得太快，在温度升高时就会变软，并且会出现颗粒感。

比起标准的苦甜巧克力或半甜巧克力，可可比例高的黑巧克力制作出来的巧克力酱风味更浓郁，同时也更为结实。高脂鲜奶油中，38%的发泡鲜奶油巧克力酱更为丰腴结实。

再三确认食谱中指定的巧克力和鲜奶油种类。可可颗粒的比例若远大于水，就会吸收很多水，使得巧克力酱混料凝固成油腻黏稠的巧克力糊。牛奶巧克力和白巧克力的可可脂含量比黑巧克力少，做出的巧克力酱会比较柔软。

若要制作柔软如乳脂的巧克力酱，以作为慕斯、酥皮馅料或法式烤布蕾的食材，鲜奶油的分量要比巧克力更多，通常是巧克力的两倍。

若要制作一般硬度的巧克力酱，要维持一定的形状作为蛋糕糖衣或松露巧克力的内馅，那么鲜奶油和巧克力的分量就要相当。

如果要制作更结实更浓郁的巧克力酱，就以一份鲜奶油配上两份黑巧克力，或配上2.5份的牛奶巧克力或白巧克力。

巧克力要切得细碎，这样才融化得快，搅拌得均匀。

鲜奶油要加热到将近沸腾，以加热过的鲜奶油做出的巧克力酱保存期限较长。依照食谱不同，可以保存数日甚至几个星期。若要加入干食材（香料、茶、咖啡），就得加入热的鲜奶油，然后盖上盖子，以免水分蒸发表面结成薄膜。食材浸置5~10分钟之后，再过滤鲜奶油。

如果要省工，把热的鲜奶油倒在切碎的巧克力上，等一分钟，让大部分的巧克力融化之后再搅拌混合。如果有些巧克力还是维持固体状态，就将整个碗隔水加热。若想产生最佳质地，就要让鲜奶油稍微降温之后，再加入回火好的巧克力，混料的温度不可以超过34℃，以保持巧克力回火状态。巧克力酱成形之后，再加入柔软的奶油、香料萃取物或烈酒等其他食材。

另一种制作巧克力酱的方式，是慢慢地加热融化巧克力，温度不可以超过32℃，然后把沸腾过的鲜奶油和其他液体食材降温到41℃，并趁着混料冷却、凝固前，迅速搅拌将两者混合。巧克力酱形成之后，再加入柔软的奶油、香料萃取物或烈酒等其他食材。

如果要让巧克力酱凝固成最佳质地，便得倒在石板或烤盘上，盖上保鲜膜，在室温下放一整晚，凝固成薄薄一片。

如果要在当天让巧克力酱更快成形，可以将它倒出来冷却，在变得黏稠时拌几下，然后静置数分钟；若有需要，重复这个步骤，直到巧克力酱巧克力质地变得结实（刮起时能够形成坚挺的凸起），然后马上装到挤花袋中挤花或做造型。

巧克力酱要加速凝固时，不能放入冰箱，以免巧克力酱在恢复到室温时会变得太软，而且会出现颗粒。

如果巧克力酱太硬而无法做造型，可以慢慢加温软化。

巧克力酱如果出现油水分离的现象，可以隔水加热，并偶尔搅动，待温度升到32~33℃之后用力搅动。也可以用预热过的浸入式搅拌器来搅拌，或放入预热过的食物处理机中搅拌，直到脂肪完全融入混料。如果这个方法没有用，那么再重复一次，加入少量的水或烈酒，以增加让脂肪分散的体积。

CHOCOLATE TRUFFLES
松露巧克力

松露巧克力指外面裹有薄薄一层巧克力或可可粉的球状巧克力酱。巧克力酱或是可可粉而制成。

最好的松露巧克力具有均匀爽脆的外衣和入口即化的柔软内馅。这需要用回火好的巧克力来制作巧克力酱和巧克力外衣，以及至少一天的发酵。

松露巧克力做好之后，外衣的爽脆度和内馅的柔软度都会变化，但是依然美味，因此可以一次多做些，够吃几天的，这样就可以不用每天都要做，也可以节省时间。

在制作巧克力造型与外衣一小时前，就要把巧克力酱内馅做好，才有足够的时间让巧克力酱在室温下变得结实。倘若巧克力酱早已做好并冷藏存放，那么在制作巧克力造型与外衣之前，得先从冰箱取出来恢复到室温。

不要为了加速松露巧克力的制作过程，而把刚做好的巧克力酱放入冰箱变硬以方便包覆外衣，这会导致巧克力外衣碎裂。因为冷的巧克力酱在室温时会膨胀，而融化的巧克力外衣在遇冷时会收缩。

捏制巧克力酱球时，双手洗净之后要过一下冰水，以免温热的手让巧克力融化。制作巧克力酱的动作越精简越好。如果松露巧克力要有蓬松的内部，可以用水果挖球器刮出连续的巧克力薄层，然后再滚成球状。

包裹球状巧克力酱的巧克力外衣，要用回火好的巧克力，或把巧克力放在碗中再次加热融化，直到35℃，再用巧克力叉等专用器具，将巧克力酱球沾覆融化的巧克力，然后尽量甩去过多的巧克力，再放到架子或干净的台面，让巧克力凝固。

如果要包覆上超薄的巧克力外衣，可以在手心放置少量的融化的巧克力，然后用另一只手的指尖在巧克力中滚动巧克力酱球，再静置让巧克力外衣静置凝固。若有必要可再重复，好让外衣的厚薄均匀。

如果要达到最佳口感，让松露巧克力在室温下热成放置几个小时。立即冷藏会使得可可脂结晶得不够完整，导致巧克力软而油腻，同时会随着时间出现颗粒感。

MOLDED CHOCOLATES
巧克力塑模

回火好的巧克力倒在光滑的表面或模型中时，会形成光亮而坚硬的表面，即使稍微触碰到，也不会磨损或融化。如果巧克力没有回火过，那么表面就会不均匀、油腻，且出现斑纹。

要保持回火巧克力的温度和流动性，如此才能均匀覆盖在模型表面。

回火巧克力在倒入模型时，仍要保持回火状态，因此模型要保持轻微温，大约25~30℃，而内馅的温度要控制在20~27℃之间。

要制作塑模巧克力的鲜奶油内馅可以使用翻糖，也可以使用未煮过的糖团（由翻糖、玉米糖浆和香料制成）。如果食谱中有用到转化酶（invertase，或称蔗糖酶，这种酶会让翻糖缓慢地液化），就能做出湿润的内馅，而且能在室温下放置几个星期。

刚做好的塑模巧克力要放在室温下至少15分钟，这样晶体就会引导凝固的过程，此时巧克力会稍微收缩并且脱模。太早拿去冷藏会使得凝固的状况不好，然后影响收缩与脱模。

巧克力静置之后，或等到巧克力稍微收缩而容易从模型中取出之后，便移至4℃下冷藏10~15分钟。实心巧克力所需要的收缩时间，会比有内馅的巧克力还长。

刚做好的巧克力要在室温下放置24小时凝固，让表面变得较坚硬、耐磨损，同时也更爽脆。如果要边缘漂亮，就要在巧克力凝固之后立即修整，而不是变脆了之后才处理。

塑料模型不可用肥皂清洗。肥皂容易残留，会污染下一批巧克力。

CHOCOLATE DECORATIONS AND MODELING CHOCOLATE
巧克力装饰与塑形

巧克力是用途广泛的装饰性食材，加温之后就变得可塑性十足，几乎可以制成任何形状。

大部分的装饰要用回火过的巧克力来制作，这样成品才会凝固得快，而且有均匀的表面，以及坚硬持久的 团块。

塑形巧克力是质地如黏土的混料，由巧克力和玉米糖浆混合而成，专门用来制作装饰造型。

塑形巧克力的制作方式是把巧克力融化，然后和玉米糖浆混合（重量为巧克力1/3~1/2），再持续揉捏、混料，直到均匀而柔软。如果变得太硬而无法塑型，就多加一些玉米糖浆。塑形巧克力做好以后会变干变硬。

CHOCOLATE DRINKS, SAUCES, PUDDINGS, AND MOUSSES
巧克力饮料、酱汁、布丁与慕斯

热可可和热巧克力是与水、牛奶或鲜奶油（或以上兼用）混合制成。巧克力脂肪含量高，因此做出的饮料会比用可可粉做的饮料味道更浓郁。可可制成的饮料则具有更显著的巧克力香气和苦味。

想得到风味最纯粹的巧克力饮品，把液体加热到要喝的温度即可。温度再高，就会泡出牛奶的烹煮味。将可可粉和糖加入未加热的液体，然后慢慢搅动、加热，直到饮料变得浓稠。也可以刮擦巧克力，加入温热的液体中，再把巧克力搅拌到融化。

巧克力酱汁、巧克力干酪和热巧克力很相似，在中等温度的时候风味最佳。

巧克力酱是由可可粉、巧克力、糖和鲜奶油混合制成的浓稠酱料。

如果希望巧克力酱淋上冰淇淋之后，具有巧克力糖般的嚼劲，就要采用先把糖煮成浓缩糖浆的食谱。

巧克力布丁也是由巧克力和牛奶或鲜奶油混合制成，并以玉米淀粉增稠，形成湿润的固体。如果要有最佳的风味与质地，就把冷牛奶慢慢拌入玉米淀粉，然后加热直到混料变得浓稠、淀粉味消失为止，最后才把巧克力拌入。

如果要让巧克力布丁的味道更强烈，可加入可可颗粒来增稠。不要使用玉米淀粉，而要用更多的巧克力或可可粉来取代，并把混料加热到适当的稠度。混料冷却之后，会变得更加浓稠然后凝固。

巧克力慕斯指具有巧克力风味的发泡蛋白或发泡鲜奶油（或两者混合），有时也会加入明胶。蛋清或鲜奶油加入糖，打发成泡沫，然后拌入融化的巧克力和蛋黄的液体混料中。混合时需要小心切拌，以减少泡沫流失。

切拌时，要轻柔而缓慢地把底下的巧克力挖起，拖着放入泡沫，如此重复直到混合均匀。

刚做好的慕斯要在室温下放置一个小时，然后再冷藏几个小时。这个过程可以帮助可可脂在泡沫中凝结，入口融化时才能带来利落而清新的口感。

第十一章

CHAPTER 11

SUGARS, SYRUPS, AND CANDIES

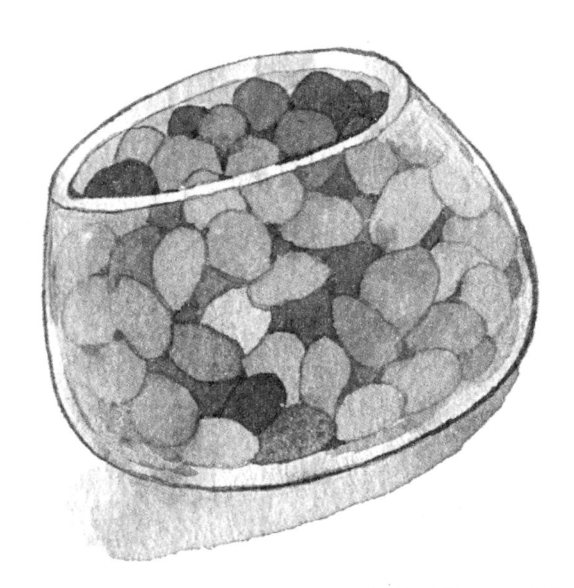

糖、糖浆与糖果

糖果是神奇的炼金术，只需加热，便可将糖由单一分子的组成转变成数百种富含香气、甜味和酸味的分子。

糖是美妙无比的食材，能丰富食物结构，而糖果则是微工程技术创造出来的奇迹。作为食物，糖和糖果或许只是让人耽溺的小东西，不过它们的功用可不只是拿来解馋而已。

市售的糖果有些做得很美味，不但伴随了许多人成长，更成了他们年幼时的深刻记忆。我大学刚毕业去法国时，在不列塔尼吃到了盐味焦糖，这是我首次吃到有咸味的糖果。

我不是个嗜甜如命的人，但有时我却痴迷于做糖果。没有其他烹调像做糖果这样，利用简单的食材（食糖和水），创造出如此不同的质地。糖果可以如糖浆般浓稠，如奶油般滑顺，具有嚼感，或爽脆、或坚硬。一直以来我最爱用做糖这个例子，来说明厨艺的魔力。纯粹的食糖，是由单一分子组成的无色无香、只有甜味的食物；此时只要加热，就能制作出咖啡色的焦糖，成为由数百种新的分子所组成，富含香气，兼具甜味、酸味和苦味的食物。

糖果的制作过程在食谱中并不多见。食谱只会写到，要在很有限的某个温度范围内才能使糖果产生特定的质地。然而光是监测滚烫黏稠的糖浆温度，可能就有点令人却步。不过有些糖果却能够随性而快速地制成——只需用微波炉加热糖浆，然后根据颜色变化来判断温度即可。虽然这样做出来的糖果可能不如你在商店买的糖果那么品质均一，但胜在美味不减，让你感受厨艺的魔力非凡。

SUGAR AND CANDY SAFETY
糖与糖果的安全

固态的糖和糖果几乎不会引发微生物造成的危险。因它们经高温制作，含水量少，微生物无法生存。然而液态糖浆储藏较久后，表面则有可能长霉。

糖浆若出现肉眼可见的发霉现象就要丢弃，或把霉撇去后再煮沸。使用之前再把表面撇去一次。

各种形式的蜂蜜都不可以给一岁以下的婴儿食用。蜂蜜可能含有肉毒杆菌孢子，婴儿很容易感染。

制作糖果过程中可能会有危险。糖浆的温度比沸水高出许多，而且很容易喷溅出来，溅到皮肤上会立刻造成严重烫伤。

制作糖果时要特别小心。在移动糖浆时要做好万全准备，留意整个移动过程。儿童制作糖果时要密切监督。

如果你被糖浆烫伤，马上把伤口放到冷水下冲洗数分钟，然后送医急救。

CHOOSING AND STORING SUGERS, SYPUPS, AND CANDIES
挑选与保存糖、糖浆与糖果

糖与糖浆的种类变化多得不可胜数，如果依照食谱制糖，就要购买食谱指定的种类，你也可以尝试用不同的食材，以了解新的风味。

糖可在室温下存放几个月，需密封保存以免吸收空气中的湿气而变得黏腻。

煮过的糖浆和枫糖浆可以冷藏几个月，放在室温下可能会长霉。玉米糖浆等人工制造的糖浆通常不需要冷藏，以商品标签上的说明为主。

糖果可以在室温下存放几个星期，气候潮湿时要密封。

糖果可以保存几个月，但要密封后冷藏或冷冻。如果糖果结冰了，先放在冷藏室中24小时解冻，再放到室温下回温，之后才可以打开包装。否则，房间内的水汽会凝结在冰冷的糖果表面，使糖果变得黏稠、褪色。

SPECIAL TOOLS FOR MAKING CANDIES
制作糖果的特殊器具

有几种特制工具可让你制作糖果时更轻松、安全、可靠。

准确的温度计对将糖浆煮成特定浓度至关重要。廉价的即时显示温度计不够准确，测量的范围也不够大。数字烹饪温度计则较佳。特制的糖果温度计能够测量到200℃，有些则可挂在锅子边缘，持续监测温度。

不要使用非接触式温度计。这种温度计读取的是水蒸气温度，而非糖浆温度，并不可靠。

在厨房用秤测量食材分量，这会比用杯子和汤匙准确多了。

选择木质或者是硅胶质的汤匙，这样搅动糖浆时，糖浆内部的温度不会流失。这对糖浆来说比较好，因为能使烹煮更有效率，不会使得糖浆温度流失导致局部冷却或结晶；对于厨师而言也比较好，因为不会烫手。长把手的器具可以使你的手远离高温。**糕点刷**可以把平底锅边缘的结晶糖粒刷入正在加工的糖浆。

大理石板、花岗岩板或厨房工作台，能够让热糖浆或巧克力迅速冷却，即使剧烈刮动也不会受损。也可以用抹了一层油的烤盘来代替。

刮勺是用扁的金属或塑胶制成。糖浆在工作台表面或石板上冷却的时候，可以用刮勺来处理。

糖果模具可以让溶化的糖浆凝固后，形成各种漂亮的形状。

CANDY INGREDIENTS: SUGARS
糖果的食材：糖

糖果以两类食材制成：糖以及能够影响风味、质地和颜色的其他食材。

厨房中用的糖有三种不同的化合物：蔗糖、葡萄糖和果糖。

蔗糖很容易形成结晶，构成了糖果中主要的固态物质。

葡萄糖和果糖比较滑顺，和蔗糖混合时，能避免蔗糖形成大块粗糙的结晶，而产生顺滑且光亮的糖果。

厨房中的糖有两种基本种类。标准的白砂糖是纯的蔗糖，而黄砂糖主要也是由蔗糖组成。糖浆和专业用糖的主要食材，则是葡萄糖和果糖。

白砂糖是制作糖果的基本糖类，是从甘蔗和甜菜中提炼而来的。由甜菜提炼的糖偶尔会有怪味，或也含有能够产生泡沫的微量物质。

粉糖是白砂糖磨细之后与一些玉米淀粉混合而成。这种糖通常不会用来制造糖果，而是用来撒在糖果上。

翻糖是没有玉米淀粉的细磨白砂糖，颗粒小到几乎无法察觉，因而和少量的水混合在一起后，不需要烹煮就可以制成乳制软糖。

黄砂糖纯度较低，但是比白砂糖更具风味。其中的蔗糖晶体包裹了一层薄薄的糖浆。这层糖浆由葡萄糖、果糖以及其他赋予风味的焦糖或糖蜜，加上棕色色素构成。黄砂糖的颜色与风味变化多端，从清淡、浓郁到强烈都有。

玉米糖浆中20%是水，15%是葡萄糖，10%是其他糖类，剩下的是没有味道的增稠分子。玉米糖浆能够抑制蔗糖结晶，并使糖果的质地滑顺。玉米糖浆没有糖或蜂蜜那么甜，通常会添加香荚兰的风味。

高果糖玉米糖浆大多是葡萄糖和果糖的混合物，水分和其他长链的增稠分子只占20%，吃起来要比一般的玉米糖浆甜得多。

葡萄糖浆是专业版的玉米糖浆，从不含香味到各种甜度的都有。有些则非常黏稠，几乎没有其他味道。

蜂蜜是由蜜蜂采集花蜜所制成糖浆，是含有果糖和葡萄糖的混合物。蜂蜜也如玉米糖浆一般，能抑制蔗糖结晶。但蜂蜜独特的风味使得蜂蜜在制作糖果时屡屡受限。

转化糖是葡萄糖和果糖的混合物，质地滑顺，在特定的门店中有销售。

制作转化糖：食糖加一点点水和酸（柠檬汁或塔塔粉皆可）煮沸，然后保持沸腾30分钟。这会使得蔗糖转换成葡萄糖和果糖。

糖蜜是制造蔗糖时得到的副产品，有如糖浆，具有强烈的风味，富含使质地滑顺的葡萄糖和果糖。

OTHER CANDY INGREDIENTS
制作糖果的其他食材

转化酶能够慢慢地将蔗糖转换成葡萄糖和果糖。制作翻糖和巧克力酱需要滑润的液体内馅时，就会用到转化酶。这种转换同时也会减缓糖果腐败和霉菌生长的速度。

翻糖和巧克力酱如果要用到转化酶，要等到最后制作阶段，待糖果稍凉时才放入。超过70℃的高温便会摧毁转化酶的活性。

香料或色素通常都是高度浓缩的物质，因此烹煮时几乎不会再丧失水分。**牛奶、鲜奶油、奶油和蛋清**能为多种糖果（尤其是焦糖）赋予口感，并提供脂肪、风味等。这些食材含有水分，而且容易烧焦或凝结，因此需要长时间慢慢烹煮。如果使用炼乳和蛋白粉，通常能够缩短烹煮时间，并且避免凝结。

果胶是用来制作果冻般质地的糖果。要使用浓缩粉末状的果胶，而不要使用液态的。果胶是水果细胞的组成成分，通过其中的糖和酸使糖浆变得浓稠。

明胶可以让浓缩的糖浆变成有黏性的糖果，也能让棉花软糖的质地变得有嚼劲。明胶是一种干燥的动物性蛋白质，通常用来制作果冻甜点。

热糖浆要凉了之后才能和明胶混合在一起，否则热会使得明胶分解。

淀粉会用在制作“土耳其软糖”等类似的软糖。另外在用模具制作糖果时，也会撒在模具内侧。淀粉是一种从玉米或其他植物萃取出的细致碳水化合物粉末。

THE ESSENTIALS OF MAKING CANDIES
糖果制作要点

糖果是混合了糖、水和少量其他食材制作而成的。糖果的种类主要由其质地决定，可能硬而脆，也可能浓郁滑顺。有两种因素会决定糖果的质地：一是水和糖的比例，另外就是糖晶的大小。

糖果中水和糖的比例，可以通过把糖浆沸煮到特定温度来控制。

糖浆的沸点越高，之后形成的糖果就越硬。糖浆在煮沸的过程中，水分会蒸发，而糖的浓度会增加。当糖的浓度增加，糖浆沸点也会随之升高。

不同糖果会有不同的标准沸点，其标准为各种糖浆滴入冷水后的稠度，或冷却后咬下时所发出的声音。

糖果糖浆的温度

糖浆阶段	糖浆温度（℃）	糖果种类
线状	102~113	蜜饯、果冻
软球	113~116	软的翻糖、乳脂软糖、焦糖
实球	118~121	硬的焦糖、棉花软糖
硬球	121~130	软的非乳脂型太妃糖、水果软糖
软脆	132~143	硬的非乳脂型太妃糖、结实的牛轧糖
硬脆	149~160	酥糖、奶油硬糖、乳脂型太妃糖
焦糖	170以上	焦糖网龙、纺丝糖

糖加热到150℃以上，会分解形成焦糖，这是一种具有香味的褐色混合物。温度越高，焦糖颜色会越深，这时候香味会更浓郁，但是也会带有苦味。

糖浆形成结晶的方式，取决于糖浆冷却的过程。当糖浆的温度下降，溶解的糖分子之间就会重新连接，形成固体结构。

如果你把糖浆放在锅里静静放凉，或放到工作台上揉捏，那么就会形成大颗的糖晶，质地也更为粗糙。

如果糖浆在冷却时快速搅动，或在适当的阶段揉捏，那么其中的糖就会形成细小的结晶，质地细嫩。

其他食材有的会限制糖晶的形成过程，有的则有助于制造没有结晶的硬糖，或结晶细小的乳脂状糖果。玉米糖浆、蜂蜜、转化糖都含有葡萄糖和果糖，会干扰食糖的结晶过程。糖浆中的酸性物质则会把食糖分解成葡萄糖和果糖，能让糖果产生滑顺的质地。

WORING WITH SUGAR SYRUPS
以糖浆制作糖果

几乎所有的糖果都是先把糖浆煮到特定的高温，再在糖浆降温及凝固的过程中，加工处理而成。

糖果的制作通常都是在炉火上完成，这样厨师可以观察糖浆的状况、测量温度并持续调整温度，以达到最佳成果。理论上来说，用微波炉应该也可以制作出好糖果。使用微波炉，既能使厨师操作更加简单，又能快速且均匀地加热糖浆，也不用担心糊底。微波炉的功率不一，因此要经常检查糖浆的温度，以免煮过头。

煮糖浆的时候要非常小心。糖浆的温度比沸水高出许多，而且很容易煮过头并且喷溅，一旦溅到在皮肤上会造成严重灼伤。

炉子、料理台和工作台面都要清理干净，处理热糖浆时才不会碍手碍脚。倾倒糖浆时，锅缘要靠近容器或台面，以免喷溅。制作松软型太妃糖、酥糖或拉糖的时候，要戴上橡皮手套或乳胶手套。

煮糖浆的容器要够深够大，比所有食材的全部体积多出好几倍，这样糖浆沸腾时才不会溢出。容器还要够宽，这样水分蒸发得才快。

使用固定式或手持式温度计测量温度时，要确定温度计的尖端没有靠近受热的锅底或边缘，以免测量到的温度虚高。可以把锅稍微离开火源，以便得到稳定的温度读数。

如果你位于高海拔地区，就需要校正糖浆沸腾的温度。海拔每增加300米就要降低食谱指定温度约1℃。

糖果的制作也会受到天气影响。糖果会迅速吸收空气中的水分，因此如果厨房潮湿，制作糖果就有困难。此时硬的糖果会变得黏腻，蓬松的糖果会变软。

如果湿度较高，煮糖浆时要比食谱指定的温度高出1~2℃。

糕饼刷沾湿后，将由于糖浆沸腾时喷溅到锅缘的糖晶扫回糖浆中重新溶化。如果糖浆完成时，这些结晶依然存在于糖浆中，制成的糖果就会有颗粒感。

如果糖浆中加入了乳制品，在中温以上的时候就要持续搅动，以免锅底焦糊。

不要用高温来缩短烹煮时间，或暂时离开锅边去做其他事情，糖浆有可能会沸腾溢出或焦糊。煮糖浆通常会花半小时以上。

当糖浆的温度即将抵达预定温度时，把火关小，糖浆的温度在烹煮即将结束时，上升得非常快，而且很容易就会溢出来。

要想迅速结束糖浆的烹煮，就要快速地把锅子从炉火上移走，放到冷的石板或工作台的瓷砖上。

糖浆煮好之后再加入香料和色素，否则在糖浆烹煮时，这些食材的特性就会发生改变甚至消失。

清洗锅子时，要迅速倒入热水，让变硬的糖溶解后，再用力擦洗锅子。

SYRUPS AND SAUCES
糖浆与酱汁

糖浆能够吸收并保留其他食材的香味，其中高浓度的糖能使糖浆拥有酱汁般的美妙浓稠感。

若要制作用于制作鸡尾酒或水果冰的“单糖浆”，可以把砂糖和水一起加热，直到糖完全溶解。把糖浆放在密封容器中可以冷藏好几天，同时能够避免发霉。

单糖浆可以制成两种不同浓度。相同体积的水和砂糖混合，能制成含糖量45%的糖浆。单倍体积水加上两倍体积的糖，可以制成含糖量63%的糖浆。

比例为2 1的单糖浆和一般食糖一样好用，匙糖浆等于一匙食糖。同体积糖浆和食糖中，含有相同重量的糖（一匙结晶砂糖中几乎有一半是空气）。

制作调味糖浆时，可以将水果、果皮、香草或香料浸入单糖浆。可以把调味食材分成小片或压碎其组织，放入糖浆中熬煮，直到充分入味，然后过滤，就可以萃取出食材的大部分风味。

焦糖糖浆与焦糖酱汁具有糖本身的风味，这种风味是糖在高温下褐变所散发出的香气。

在炉子上制作焦糖糖浆的方法：

· 准备好一大碗水，以随时能够让锅底快速降温。

· 糖单独加热或加入少量的水后加热，持续搅拌以免锅底焦糊。当糖的颜色改变时，关小火并密切注意。糖颜色变深的速度非常快，会产生刺激的味道。

· 当糖变成适当的颜色时，关火。若有必要，将锅子放到原先备好的一碗冷水上，以立即停止加热。

· 将锅子倾斜，避免热的糖浆溅出，加水并搅拌均匀。

用微波炉煮焦糖糖浆的方法：

· 使用较轻的金属搅拌碗，糖中加入少量水，高功率加热。

· 每隔一段时间就停止加热，检查糖的颜色并加以搅拌。

· 煮好时就停止加热，拿出糖浆，放到装有冷水的大碗中冷却。如果加热时使用的是耐热玻璃碗，就不要放在冷水上，否则碗可能会破裂。

· 让碗倾斜以免糖浆溅出，慢慢加水并搅拌均匀。

制作焦糖酱汁，可以用炉火或微波炉煮出的焦糖，但是最后不要加水，而是以鲜奶油来稀释。

制作奶油硬糖酱汁时，用炉火或微波炉将糖加热到开始变色，然后加入奶油，继续烹煮到轻微褐变并散发出香气。最后和焦糖酱汁一样用鲜奶油来稀释。

HARD CANDIES: BRITTLES, LOLLIPOPS, TOFFEES, TAFFIES AND SUGAR WORK
硬质糖果：酥糖、棒棒糖、乳脂型太妃糖、非乳脂型太妃糖、糖雕

硬质糖果是实心的糖，几乎没有糖晶颗粒。这种糖是糖浆在高温下沸腾，几乎将所有水分蒸发殆尽之后制成。通常含有许多阻止糖晶颗粒形成的玉米糖浆。如果在潮湿的环境中制作，会变得十分黏腻。

持续搅拌糖浆，以确定温度计读到真实的温度。当温度接近150℃时，关小火以免焦糊。

酥糖是脆而薄的硬质糖果，通常加入了坚果碎片。在糖浆中加入小苏打会产生气泡，让糖果更脆，同时也加深了颜色并且带来了别样风味。

生的坚果可以放入酥糖糖浆中一起加热，或在糖浆温度升到150℃时放入熟的坚果。

酥糖糖浆快要煮好时，加入小苏打与奶油，然后快速搅拌，这样产生的气泡就不会让糖浆溢出。

如果要让酥糖没有那么硬却更酥脆，尤其是没有加入小苏打的酥糖，那么就要把酥糖做薄一点。等糖浆倒出来冷却后，就迅速而均匀地拉成大的薄片。

棒棒糖是插有纸棒或木棒的硬质糖果。

制作棒棒糖时，要将糖和玉米糖浆加热到150℃，再加入浓缩香料和食用色素，接着倒入模具，将棒子插入。

如果没有模具，可先让糖浆冷却到115℃，待出现稠度之后，用汤匙舀一匙放到平放于台面的棒子顶端。台面要先抹油。

冰糖是大块的糖晶，需要好几天甚至几个星期才能形成。冰糖中不含有玉米糖浆或其他会阻碍糖体结晶的食材。

制作冰糖时，将两份糖和一份水混合，加热到120℃，然后加入食用色素，倒入锅中，以线绳或牙签垂直浸入糖浆，好让结晶附着生长。

盖上盖子，放到阴凉的角落，不要碰到。

乳脂型太妃糖和脆糖是富含奶油的酥糖，奶油也有助于防止颗粒般质地的形成。

制造乳脂型太妃糖和脆糖时，把糖浆和奶油煮到150~155℃，然后迅速冷却，不要搅拌。

非乳脂型太妃糖可硬可软，是用力打入细小气泡所制成的。

制作硬的非乳脂型太妃糖时，如果要做硬的，就把糖浆加热到150℃；如果要做软的，就加热到115℃。然后冷却到能够操作时，便开始揉捏、折叠、拉长，直到糖浆变硬为止。

糖雕包括纺丝糖、糖网龙以及拉糖制成的糖缎、糖案等诸多形状的糖。这些糖都是以热糖浆直接操作，此时糖浆不是呈液状，就是如同面团一般。揉捏与拉动糖浆是既辛苦又炎热的工作。

制作大型糖雕时，你需要加热灯，还有橡胶或乳胶手套。加热灯能够让糖维持在能够操作的温度；手套除了保护双手之外，也能避免双手在光亮的糖面留下痕迹。

制作糖雕的基底时，要把糖、玉米糖浆或转化糖，一起加热到157~166℃。如果形状要用倾倒或旋转而出的，那么就要在糖浆仍保持液态时制作；如果要拉动及上色，则需要降温到50~55℃。

SOFT CANDIES: FONDANT, FUDGE, PRALINES, AND CARAMELES
软质糖果：翻糖、乳脂软糖、果仁糖和焦糖

软质糖果有乳脂般滑顺，也有耐嚼或酥脆的，其中含有许多细微的糖晶，以及聚集这些结晶的浓厚糖浆。通常是把糖浆加热到115℃左右制成的。一般来说，玉米糖浆的含量约为1/3，并且加入一些来自塔塔粉的酸，以限制糖晶生长。

翻糖是基本的乳脂软糖，也能拿来制作鲜奶油内馅或外衣。翻糖的食材只有糖，有时用到精油。依照水和糖的比例变化，翻糖可以酥脆也可以湿润。

制作翻糖时，把糖、水、玉米糖浆加热到112~116℃，然后在室温下冷却，不要搅拌。当温度下降到53℃时，把糖浆倒在大理石板或工作台面上，用刮勺搅动糖浆好让结晶出现。当糖浆变得浓稠，不透明而易碎时，把糖浆捏聚成一块，这时可以加入香料。

翻糖制作好之后，在室温下放置一两天成熟，如此会变得更软、更容易使用。

翻糖可以在室温下保存，最多可以放几个月。

要重新使用或调味翻糖或乳脂软糖时，只需要放在非金属制的碗中，在微波炉中稍微加热到柔软即可。

如果要以不加热的方式制作翻糖，可以把糖粉和玉米糖浆，用直立搅拌机搅拌到均匀滑顺即可。

乳脂软糖是加了牛奶（或鲜奶油）以及奶油的翻糖，有时也会加入可可粉或巧克力。

巧克力乳脂软糖由于其中含有巧克力的可可脂，因此比较结实且入口即化。倘若只加了可可粉而没有可可脂，就不会有这些特性了。

制作乳脂软糖时，慢慢把食材加热到113~116℃，避免烧焦或结块。然后静置混料冷却到43℃，再搅拌让结晶形成，直到变得浓稠。之后倒入涂了一层油的锅中，静置一个小时以上让糖浆凝结，然后切割分块。

如果要快速制作类似乳脂软糖的糖果，可以把糖粉、乳制品和巧克力食材一起加热、搅拌。

果仁糖是富含奶油的软质糖果，质地有的如乳脂般滑顺，有的则富有嚼劲。

制作乳脂般果仁糖时，砂糖要比玉米糖浆多。把糖浆加热到116℃，加入奶油，然后用力搅打，直到产生结晶并有稠度，同时看起来没有那么光亮，直接舀出来让糖果凝固。

如果要制造有嚼劲的果仁糖，那么糖和玉米糖浆的分量就要一样，然后加入奶油与鲜奶油，把糖浆加热到116℃，接着停止搅拌，将糖浆舀出来凝固。

焦糖糖果指柔软、有嚼劲、具有焦糖风味的糖果。这种风味来自于其中的牛奶、鲜奶油，有时还有奶油。由于含有大量的玉米糖浆，因此通常没有颗粒感。

以传统的方式制作焦糖糖果需要很长的时间。首先要把全脂牛奶或鲜奶油加糖煮沸到113~119℃，以产生独特的浓郁风味，这个过程可能就要花一个小时。

要使用非常新鲜的牛奶和鲜奶油来制作焦糖糖果。稍微发酸的乳制品在长时间烹煮下有可能会结块。

现在的焦糖糖果食谱中，通常以炼乳来取代全脂牛奶，这样比较省时间。

制作焦糖糖果时，把焦糖混料以中火加热到113~119℃，并且要经常搅动锅底以免焦糊。奶油要最后再加入，这样做成的糖果嚼起来才会比较多汁。冷却时不要搅动。

FOAMED CANDIES: DIVINITY, NOUGAT, AND MARSHMALLOWS

发泡糖果：奶油蛋白软糖、牛轧糖、棉花软糖

发泡糖果蓬松而有嚼劲，通常是白色的，内部充满细小的气泡。这些气泡是将蛋清或明胶加入糖浆后搅打产生的。

熟的糖浆加入搅拌机中的蛋清或明胶时，要沿着搅拌机的内壁稳稳倒入，不要在搅动时倒入。

奶油蛋白软糖是翻糖的松软版本。其乳脂般的滑顺口感，来自于少量添加的翻糖所形成的小糖晶。如果想制作最滑顺的奶油蛋白软糖，要选择使用高比例玉米糖浆、蜂蜜或转化糖的食谱。

制作奶油蛋白软糖时，将糖浆加热到121℃，然后倒入蛋清中，搅打直至发泡。加入少许做好的的翻糖，持续搅拌直到糖浆变成黏稠。

牛轧糖是嚼劲十足的蛋泡沫糖果，通常也会加入坚果。牛轧糖有时也会加入蜂蜜，不过是煮好之后另外加入的，以免风味丧失或改变主要糖浆的特性。

制作牛轧糖时，把糖浆加热到135℃，然后倒入蛋清中，搅打至发泡，再持续搅拌至冷却但依然能够流动为止。最后才加入坚果。牛轧糖会粘手，因此摊开在两层可食用的米纸之间凝固定形，会比较容易处理。

棉花软糖是最轻盈、最松软的发泡糖果，通常使用明胶来制作。用蛋清做出来的棉花软糖比较蓬松，但是缺乏嚼劲，而且容易变干和走味。

制作棉花软糖时，如果使用明胶，把糖浆加热到116℃；如果使用蛋清，就加热到119℃，然后让糖浆降温到100℃。接着倒入事先

已经预先泡水、溶化的明胶中，或发泡的蛋清中，搅打5~15分钟。记得要把粘在容器壁上的混料刮回来，其他香料和色素则在搅打结束前才加入。把整个糖浆摊开，放上几个小时凝固，然后分切，并在每一块软糖表面都撒上粉糖。

JELLIES AND GUMS
果冻与软糖

果冻和软糖的润滑、甜涩、色彩缤纷，是果胶、明胶和淀粉赋予的。

果冻（或法式水果软糖）质地柔软，具有真正的水果风味和颜色。

制作果冻时，要用到过滤过的果汁或水果泥，加上糖和果胶，混合在一起加热到107℃，在烹煮过程最后，加入柠檬汁或其他的酸，好让果胶凝固。过早加入酸会把果胶分解而使果冻无法凝固。混料倒入铺有蜡纸的锅中，静置一小时以上再分切。

水果软糖是有嚼劲的果冻，其中糖浆的浓度较高，使用含有水较少的香料色素，并以明胶取代果胶来增稠。

制作水果软糖时，将糖和玉米糖浆的混料加热到120~135℃，然后静置冷却到93℃，以免产生结晶。接着和泡水溶化的明胶、香料和色素混合在一起，然后放到模具中静置整夜凝固。

淀粉软糖包括了比较硬的软糖豆和比较软的糖霜橡皮糖（土耳其软糖）。制作方法是把糖浆、淀粉和葡萄糖加热到113~130℃（依照所需稠度而定），加入香料，然后让混料凝固，再制作出形状。

土耳其软糖是前工业时代的淀粉软糖，制作方式是把糖和水一起煮，加入柠檬汁把一些蔗糖转化成会限制结晶形成的糖头，然后加入玉米淀粉和塔塔粉，慢慢加热到113℃。接着加入香料，在涂了一层油的锅中搅动混料，静置过夜让混料凝固。之后便可以分切，然后在每块软糖表面撒上糖粉和玉米淀粉。

CANDIED FLOWERS AND FRUITS
糖渍花与糖渍水果

糖渍花和糖渍水果是把花和水果制成甜点，外层包覆着糖，或直接以糖浸透。

糖渍花朵和花瓣能使花朵或花瓣本身保持原有的形状和香气，制作方法是把花瓣涂上薄薄的蛋清，然后撒上超细白糖，在室温下静置数天干燥。如果担心沙门氏菌，可以使用蛋白粉。

糖渍水果以完整水果或水果片浸渍在糖中制成，糖渍可以防止腐坏，且能保持水果原本的形状、颜色和部分香气。水果片几个小时就可以糖渍完成，完整水果则需要数天或数周，才能让糖的浓度逐渐完全渗透均匀。

糖渍水果片和柑橘皮时，要把水果切薄，好让糖浆容易渗透。如有需要，柑橘皮可以沸煮2~4次，然后晒干，好去除苦味。之后将水果片或柑橘皮放到糖浆中，小火熬煮至透明。糖浆中要放一些玉米糖浆，以免在存放时逐渐形成糖晶。

如果是大块或完整的水果，要以较稀薄的糖浆来熬煮，慢慢煮透之后就浸着。可以每天、隔几天或隔几个星期，将水果取出。然后把糖浆煮沸浓缩，然后再把水果放入浸泡。反复这个步骤直到糖浆的浓度达到75%，如此一来，便能确保微生物就不会在糖浆和水果中生长。

不要尝试加快糖渍的过程。不论在哪个阶段，只要糖浆浓度过高，都会让水果脱水，进而让果皮的表面紧缩变硬，这样反而会使糖渍的速度变慢。

第十二章

CHAPTER 12

COFFEE AND TEA

咖啡与茶

人类以高温烘焙或揉捏，唤起了休眠中的种子或凋萎的叶子，诱发出迷人的咖啡香和茶叶的多种风味。

咖啡和茶都是刺激性饮料，其中的活性成分绝不只有咖啡因。咖啡与茶的美味，以及数不清的变化与微妙的制作过程，让人从单纯的喜欢到渴望了解再到迷恋其中，无法自拔。

将咖啡和茶放在一起讨论，是因为尽管两者都是饮料，但其成分却是天差地别。咖啡的原料是蛰伏的成熟树种，类似坚果，却含有植物萌芽所需要的基本养分，非常苦涩以防止动物食用。人类则以高温烘焙种子，赋予咖啡强烈的风味。茶的原料是刚长出来的新叶，风味同样非常苦涩，以防止动物啃咬。茶叶同时也生机旺盛并富含酶，并利用这些酶生长。人类为了诱发茶叶的多种风味，先让叶子凋萎，再加以揉捻，以刺激酶的活性，然后在低温或中温的环境下让茶叶发酵，将茶叶保存。

蛰伏的种子与热量、青绿的树叶与活性——咖啡与茶的风味，来自于两个截然不同的世界。

我从20世纪70年代初期开始喝咖啡和茶。当时的基本选择只有用过滤式咖啡壶冲泡研磨好的罐装咖啡粉，以及几种茶包。这些粉末之细碎，很快就会让咖啡或茶变得苦涩，因此我的冲泡时间以秒计。当我第一次喝到新鲜烘焙咖啡豆以滴漏方式煮出的黑咖啡时，风味好到我舍不得喝完；几个月之后，我就买了手摇式咖啡研磨器。现在我每个寂静的早晨，都是在磨豆声中敲醒。

对于咖啡，我儿子在21世纪起步得比我快。他比较喜欢新型的美式咖啡研磨机，而不是我的手摇研磨器。他也教我如何操作浓缩咖啡机，告诉我最先进的奶泡制作技巧，并介绍我一些咖啡怪发烧友的网站。他甚至前往中国，四处品茗茶饮，然后带回来一些少见的茶叶。其中一种像药一样苦，还有一种尝起来就像雨天的落叶。

一天之中，从未有其他时刻，能比得上这些为人熟知却并不平凡的树叶和树籽带来的满足。本章将会以几页的篇幅，详细说明咖啡与茶的保存与冲泡中需要注意的几个关键点。

COFFEE AND TEA SAFETY
咖啡与茶的安全

咖啡与茶几乎不会引发食源性疾病。它们都是干燥的食材，而且需要用热水冲泡，因此几乎不会有微生物残留。

烫伤和慢性刺激是咖啡与茶最普遍的伤害。冲泡咖啡与茶的水温将近沸点，接触几秒钟就会造成严重烫伤。喝非常热的饮料的习惯，也会增加口腔癌和咽喉癌的风险。

喝第一口的时候要小心，以免滚烫的液体一下子进入口中。如果咖啡与茶的温度会高到烫伤，就不要喝。

咖啡因是存在于咖啡与茶的刺激物，会让人兴奋并失眠。喝下之后，在15分钟到2个小时之间，咖啡因在体内的血中浓度会升到最高，3~7小时浓度减半。饮料中咖啡因的浓度差距非常大，通常一杯茶中的咖啡因含量是一杯冲泡式咖啡的一半以下。美式浓缩咖啡由于分量少，咖啡因含量也相对较少。

BUYING AND STORING COFFEE
选择与储存咖啡

咖啡是小型的乔木树籽，原产于北非。目前好的咖啡都生长于许多热带与亚热带国家，然后送到消费咖啡的国家加以烘焙。咖啡可能以同一产地单独销售，也有混装不同产地贩售的。阿拉比卡咖啡是一种咖啡豆品种，以香气细致著称。罗布斯塔咖啡是另外一个咖啡豆品种，煮出的咖啡较阿拉比卡浓厚，咖啡因含量比较高。

可以从信誉好的商家或渠道试试受好评的单品咖啡。有些单品咖啡虽然价格很高，但却是店家以廉价咖啡豆冒充的。

咖啡的风味是在烘焙时产生的。中度烘焙会产生中等深度的咖啡豆，外表无光泽，有着浓厚的口感与风味。浅度烘焙的豆子颜色较淡，尝起来较酸，有着独特的豆子香气。深度烘焙的豆子外表油亮，有着一般的烘烤风味，有时会带有苦味。

购买近日刚烘焙好的本地烘焙咖啡豆，或者购买最新出售的真空包装咖啡豆。咖啡豆会产生酸败的味道，来自多元不饱和脂肪，这种脂肪很容易受到氧气攻击。购买完整的豆子，在冲泡之前研磨，这样能产生最丰富、新鲜的风味。咖啡豆磨成细致的颗粒之后，香气很快就会消散。

全豆密封可以在室温下保存一个星期，冷冻可以保存几个月。

研磨好的咖啡豆密封可以在室温下保存数天，冷藏几个月。

冷藏或冷冻的咖啡豆在使用之前，要放到室温下回温，以免打开之后水汽凝结。

去咖啡因咖啡是以水、二氧化碳或二氯甲烷去除咖啡豆中的大部分咖啡因（会有微量残留，但不会带来安全上的疑虑）。去咖啡因的过程，也会去除一些口感与风味，因此去咖啡因的咖啡品质变化很大。

即溶咖啡是咖啡风味与颜色物质的干燥浓缩物。比起作为现煮咖啡的替代饮品，更适合用来制作甜点和酥皮。

BUYING AND STORING TEA
挑选与储存茶叶

茶是一种原生于东亚茶树科植物的叶片干燥而成。好的茶叶来自中国、日本、印度、斯里兰卡和肯尼亚，价格和品质差异很大。

廉价茶包是由细碎的茶叶组成，如此便能迅速泡出浓茶。

较昂贵的茶包是由完整的茶叶叶片组成，装在丝绒般的塑胶茶袋中，能泡出较独特、细致的茶汤。

熏香茶是将茶叶和花混合在一起制成，通常含有花瓣。有些廉价的熏香茶加入的是香精。正山小种红茶是用松木熏香过的中国茶。

购买茶叶，选择贩售量大的商家，这些茶叶不会在架子上放太久。

茶可以保存几个月，要密封在不透光的容器中，置于阴凉处。茶的香气会慢慢流失，老旧的茶叶在冲泡之前要先检查过。

白毫是茶树新芽尚未展开成叶片时就摘取制成的，能够冲出色浅、风味细致的茶汤。

绿茶是由茶树幼嫩的叶片所制成，采收之后快速加热以保存颜色。泡出来的茶汤呈现黄绿色，有特殊的甘味，并略带苦味。香气有青草、海藻或坚果的气味。

乌龙茶也是由幼嫩叶片所制成，采收之后茶叶本身的酶加上短暂高温加热，会为茶叶带来轻微的褐变。乌龙茶的茶汤是黄褐色，有时会有涩感，含有丰富的花果香气。

红茶也是用幼嫩叶片制成，经过揉捻和酶的作用之后成深褐色。红茶茶汤为深琥珀色，含有复杂、刺激的花果香味，略有涩感。

普洱茶是由标准的中国绿茶经堆叠陈放以发酵后制成。普洱茶的茶汤是红褐色，不含涩感，但是有苜蓿般的香料气味。

草药茶的原料并非一般的茶树，而是其他许多不含咖啡因的植物，包括薄荷、木槿花、柠檬马鞭草、野玫瑰果、甘菊以及柑橘皮。许多草药茶都会添加香精。

如意宝茶（rooibos）也称为红树茶或蜜树茶，原料是南非的一种灌木的叶子，不含咖啡因。如意宝茶含有非常大量的抗氧化物。

马黛茶是由一种南美洲的灌木制成，富含咖啡因。

THE ESSENTIALS OF BREWING COFFEE AND TEA
咖啡与茶的冲泡要点

咖啡与茶的冲泡过程，就是以水萃取出干燥豆子和叶片之中的风味成分。

萃取的过程会受到咖啡豆粉末与茶叶叶片大小、水温以及萃取时间的影响。颗粒小、水温高，萃取时间就短。高温会萃取出比较苦和刺激的味道，但是香气更细腻。

咖啡豆和茶叶若是萃取不足，泡出的汤汁便平淡无味；要是萃取得太过，汤汁风味又会过于刺激。因此冲泡出好咖啡与好茶的关键在于，顺应咖啡豆与茶叶的特性，调整冲泡的水温与时间，以取得风味平衡的汤汁。

水的品质也会影响汤汁品质，因为咖啡与茶有95%~98%都是水。

使用过滤水来冲泡咖啡与茶，可以去除水中原本的异味。这种异味即使加热也无法去除。

避免使用非常硬、非常软或蒸馏过的水来泡咖啡和茶。硬水中含有大量矿物质，会干扰风味的萃取过程，并且使得汤汁浑浊，在表面形成污垢；软水和蒸馏水则会冲泡出风味不平衡的茶汤。

若要改良风味平淡的茶和咖啡，可以试着在冲泡用水中，加入少许塔塔粉或柠檬酸盐。许多的城市自来水会加入碱，以减缓水管的腐蚀速度。因此用来冲泡时，加点酸会比较好。或购买矿物质含量中等的瓶装水来冲泡。

BREWING AND SERVING COFFEE
咖啡的冲煮与饮用

咖啡有数种常见的冲煮方法，每种都能做出风味独具的咖啡。

滴漏式冲煮法的水温一开始可以控制得很好，但是在冲煮时水温就会下降，而且冲煮时间取决于水流过咖啡颗粒的速度。滤纸可以滤掉几乎所有残渣，冲出充满泡沫的咖啡，但是纸的味道可能会渗入咖啡。金属滤网则会让一些残渣通过，而这些颗粒在杯子中会持续受到萃取，使得咖啡变苦。

一般的滴漏式咖啡机不容易控制水温和冲煮时间，而且水温常比理想水温低。高级的机型能较好地控制适当的冲煮温度。

活塞式（法式）咖啡壶能够准确控制冲煮时间，然而热水在通过粗粒咖啡粉的几分钟萃取时间里，温度却会逐渐下降。活塞式咖啡壶的滤网无法把所有的咖啡颗粒都留在壶中，所以进入杯中的残渣会让咖啡慢慢变苦。

用炉火加热的摩卡壶，对于冲煮时间和水温的控制都不是太好，而且冲煮温度很高，甚至会稍微超过沸点。这样冲出来的咖啡浓度十足，但是也苦，适合加牛奶喝。

廉价的浓缩咖啡机以压力较低的蒸汽通过咖啡粉以达成萃取。煮出的咖啡涩而苦。

真正的浓缩咖啡机有主动式气泵，会用高压让低于沸点的热水通过磨细的咖啡。许多这类机器都能够调整冲煮状况，而最顶级的机器则能给予使用者最大的调整空间，以冲煮出最好的咖啡。高压能够让咖啡豆的油脂化成细腻的油滴，漂浮在表面，以此冲煮出来的咖啡风味与浓度，是其他煮法都无法匹敌的。特殊的浓缩咖啡则混合了阿拉比卡与罗布斯塔咖啡豆，以追求最佳的风味、浓度，以及特色十足的咖啡脂。

土耳其咖啡壶是把非常细致的咖啡粉重复加热，煮出的咖啡风味强烈刺激，需要加很多糖来平衡风味。

每一种冲煮咖啡的方法，都会使用不同粗细程度的咖啡粉，冲煮时间也有差异。

一般而言，咖啡豆磨得越细，冲煮的时间就越短。活塞式咖啡壶使用的是粗粒的咖啡粉末，冲煮时间为4~6分钟；滴漏式和摩卡壶则使用中等粗细的粉末，冲煮时间为2~4分钟；浓缩咖啡机的豆子磨得最细，冲煮时间约30秒。

咖啡豆要研磨均匀，才能泡出上好的咖啡。如果颗粒有大有小，那么有的尚未萃取完全，有的就已经萃取过头。此时咖啡有可能变得平淡、苦涩或者两者兼具。

避免使用一般旋转刀片的电动研磨机，咖啡豆的粗细会磨得十分不均匀。使用手动或金属刀头压踱的电动研磨机较佳，或每隔几天就购买新鲜磨好的咖啡豆。

冲煮咖啡的水温介于80~96℃之间，接近沸腾的水会从咖啡粉中萃取出较多香气与苦味。温度较低的水冲出的咖啡口感较顺，但是风味比较不足。

可以多方尝试，找出你自己偏好的水与咖啡比例。一般美式滴漏冲煮法的咖啡是一份咖啡豆配上15份的水，也就是250毫升的水冲煮16克的咖啡豆。浓缩咖啡的比例则是1：5到1：4，也就是6~8克的豆子配上30毫升的水。泡出的咖啡，浓的要比淡的好，风味强烈而均衡的咖啡，只要添加热水稀释即可。

若要冲煮出浓度一致的咖啡，就得以重量而非体积来计算咖啡用量。咖啡勺很方便，但不是可靠的测量工具。由于咖啡粉研磨的粗细与紧实程度不同，标准咖啡勺舀起的咖啡粉重量，可能介于8~12克。

用浓缩咖啡机的蒸汽制作奶泡时，用充分预冷的金属壶装上非常新鲜的冰牛奶，至少要150毫升。把蒸汽管浸到牛奶中，打开蒸汽，调整壶的高度，让蒸汽管喷口刚好位于牛奶表面正下方并且靠近壶的边缘，如此才能让牛奶循环。待整个壶摸起来很热（约65℃）就停下来，以免产生强烈的牛奶烹煮味。

咖啡杯要先热过，以免咖啡倒入之后很快变凉掉。

不要用低温持续加热咖啡，或以高温重复加热咖啡。新鲜冲煮的咖啡风味处于微妙的平衡状态，后续加热则会使得香气变得刺激，同时增加咖啡的酸味。若要重新加热冷咖啡，以微波炉低功率加热对风味造成的损害最少。

若要让咖啡维持较长的饮用时间，可以把冲煮出的咖啡倒入热好的保温壶中。

冰咖啡有数种做法。快的方法是煮非常浓的咖啡倒入冰块中，冰块融化就稀释了咖啡。或一般的方式冲煮咖啡，然后放入冰箱冷却，要喝的时候才放冰块。

冷萃咖啡是口感浓厚、风味温和的冷咖啡，冲泡方式是让冷水浸透一层粗磨的咖啡豆一整夜，或让冷水滴入咖啡萃取后再滤出。这样冲泡出来的咖啡口感非常顺滑，带有轻微苦味或酸味，但香气比不过热咖啡。

BREWING AND SERVING TEA
茶的冲泡与饮用

茶在世界各地有不同的冲泡方式，你可以一次泡少量茶叶，或多次冲泡大量的茶叶，以享受风味的变化。茶叶有时会冲洗过再泡，或把第一次泡的茶汤倒掉。

冲泡的比例弹性很大。通常一茶匙的茶叶大约2克，可以用250毫升的水来冲泡。这样的分量大约等同于数杯亚洲的茶盏，或1.5个澳洲茶杯，或一个美国马克杯。

冲泡的水温因茶而异。细致的白毫和日本绿茶要用50~80℃的水来冲泡，以适当萃取出苦涩的物质，同时保持绿色与青草的香气。比较耐泡的中国绿茶可用70~80℃的水来泡。经过发酵且具有特别香气的乌龙茶、红茶和普洱茶，可以用滚水冲泡。

冲泡的时间介于15秒到5分钟之间，这取决于茶叶的细致程度、水温以及茶叶被冲泡的次数。廉价的茶包通常含有非常细的茶末，在一两分钟之内就会萃取过头。

试验冲泡的水温与时间，才能泡出自己最喜欢的风味。如果茶喝起来平淡，就要提高温度或增加冲洗时间。如果味道刺激，就要降低水温或缩短冲泡时间。完整的茶叶叶片要用过滤器或单人茶壶来冲泡，这样泡好的时候就可以立即取出茶叶。茶叶泡太久会萃取过头，产生风味刺激的茶汤。

杯子和茶壶要先用热水烫过，这样泡茶和喝茶的时候，温度才不会降得太快。

第一次尝试冲泡完整茶叶叶片：

· 白毫用80℃的水冲泡2~3分钟；

· 中式绿茶用80℃的水冲泡2~3分钟；

· 日式绿茶则用70~80℃的水冲泡1~3分钟；

· 乌龙茶用滚水冲泡3~4分钟；

· 红茶用滚水冲泡4~5分钟；

· 普洱茶用滚水冲泡1~3分钟。

尝尝茶的味道，在泡茶的过程中每隔一阵子就倒一点出来品尝。

茶泡好了就要马上把茶叶与茶汤分开，可以把茶倒入新的杯子中，或把茶叶、茶包从壶中取出。

茶要马上喝味道才好，茶一旦冷却也就丧失了香气。绿茶和乌龙茶会氧化，使得风味和颜色都发生变化。

如果你以牛奶来搭配红茶，牛奶要先放入杯中，然后倒入红茶。如此才会让牛奶慢慢加热，也比较不容易结块。

冰茶的浓度要煮得比较高，因为冰块融化会稀释茶汤。通常使用一般泡茶时的一半水量。

若要避免泡出浑浊的冰茶，可用冷水或冰水浸泡茶叶几个小时。造成茶汤浑浊的化合物在冷的茶汤中萃取得少，会因溶解度降低而沉淀。

ACKNOWLEDGEMENTS
致谢

成就一本好书之钥（至少对于这本而言）在于有好同事、好朋友，以及家人的充分支持。

我第一次见到Bill Buford是在2005年的纽约。我们一起吃中餐，而他在甜点上桌之前，就改变了我对于自己作家生涯的想法。我非常感谢Bill的建议与友谊，并且介绍了Andrew Wylie给我。感谢Andrew为我规划了这本新书，并且找到好的出版社来出版。

我还要感谢以下人士，他们与我分享了许多食物与厨艺的深刻知识，让本书得以完成：Fritz Blank、David Chang、Chris Cosentino、Wylie Dufresne、Andy and Julia Griffin、Johnny Iuzzmi、Jonn Paul Khoury、David Kinch、Christopher Loss、Daniel Patterson、Michel Suas、Alex Talbot和Aid Kamozawa。我很幸运能和Heston Blumenthal以及他的团队在肥鸭餐厅（The Fat Duck）一起愉快工作，成员包括Kyle Connaughton、Ashley Palmer-Watts 和 Jocky Petrie，他们不断提出问题与挑战。我的作家伙伴Edward Behr、Shirley Corriher、Susan Hermann Loomis、Michael Ruhlman 和 Paula Wolfert，则提出了许多实际的问题与看法。通过与 Nathan Myhrvold、Chris Young 和 Alain Harms的交谈，我了解到很多关于食物与科学的知识。我从好友Robert Steinberg那里学到了许多有关巧克力和人生的事，我很怀念他。

我要特别感谢在法国厨艺学校教学时的伙伴：David Arnold和Nils Noren，他们在课堂内外教给了我关于食物、饮料以及其他很多事物。

我还要感谢 Shirly and Arch Corriher、Mark Pastore 和 Daniel Patterson，他们阅读了本书的草稿并给予许多意见。David Arnold和我在电话中花了好几个小时逐句校正内容。当然，书中若有任何不当与错误，都由我一人负责。

本书原本是打算写成一本轻薄的手册，但是企鹅出版社的Ann Godoof认为内容应该要更充实，并且在漫长的构思过程中给予完全的支持；Chaire Vaccaro则把我的想法转换成实用又清晰的设计；Noirin Lucas一路跟进从文稿到成书的流程，而Lindsay Whalen则亲切、纯熟且高效地协助整个沟通过程。

最后是我的家人。我最早是从Louise Hammersmith的咖哩和圣诞姜饼，以及Chuck McGee的周日煎饼与烤肉，了解到何谓好厨艺。我已故的姐姐Ann为我的第一本书绘制出具体的图像，Joan与她的丈夫 Richard Thomas和我的兄弟Michael，则一直鼓励和支持着我。Harold and Florence Long、Chuck and Louise Hammersmith 以及Wemer Kurz，让我学习到处理与品尝鱼类的重要知识，通常是在我们抓到鱼之后进行讲解。30 多年来，Shamn Long和我并肩烹调，这段期间她一直满怀着热情，并且提供了很多新发现。我们的小试吃员长大了，很慷慨地、不计较我们的碱煮鱼实验，并且成为我们得力的助手。John为茶、咖啡和奶泡的章节增色不少，并且非常仔细地核对校样。Florence包办了许多巧克力与烘焙食物的实验，并认真品尝了其他实验结果，且在我无法离开计算机时为我做饭。我对所有人致上感谢与爱。

BIBLIOGRAPHY
参考书目：更多厨艺之钥

关于各种食物及烹煮方式，以下提供一些优良且容易取得的数据来源。餐饮学校的论文和专业出版社所出版的著作也很不错，但他们注重的主要是专业厨房的大量准备工作。下列数据较适用于一般家庭烹调。

一般烹调

Harold McGee, *On Food and Cooking: The Science and Lore of the Kitchen.* New York, Scribner, 2004.

Shirley Corriher, *CookWise: The Hows and Whys of Successful Cooking.* New York. Morrow, 1997.

Nathan Myhrvold with Chris Young and Maxime Bilet, *Modernist Cusine: The Art and Science of Cooking.* Seattle, The Cooking Lab, 2010.

Michael Ruhlman, *Ratio: The Simple Codes Behind the Craft of Every Cooking.* New York, Scribner， 2009.

一般烹饪书

Irma S. Rombauer, Martin Rombauer Becker, and Ethan Becker, *Joy of Cooking.* New York, Simon and Schuster, 2006.

Paul Bertolli with Alice Waters, *Chez Panisse Cooking.* New York, RandomHouse, 1988.

Judy Rodgers, *The Zuni Cafe Cookbook.* New York, Norton, 2002.

酱料

James Peterson, *Sauces: Classical and Contemporary Sauce Making.*

New York, Wiley, 2008.

烘焙、面包、酥皮和蛋糕

Shirley Corriher, *BakeWise: The Hows and Whys of Successful Baking.* New York. Scribner, 2008.

Regan Daley, *In the Sweet Kitchen: The Definitive Bakers Companion.* New York, Artisan, 2001.

Jeffrey Hamelman, *Bread: A Baker's Book of Techniques and Recipes.* New York, Wiley, 2004.

Peter Reinhart, *Peter Reinhart's Artisan Bread Every Day*. Berkeley, Ten Speed Press, 2009.

Rose L. Beranbaum, *The Pie and Pastry Bible*. New York, Scribner, 1988.

Rose L. Beranbaum, *The Cake Bible*. New York, Morrow, 1988.

巧克力和糖果

Peter P. Greweling, *Chocolate and Confections at Home with the Culinary Institue of America*. New York, Wiley, 2009.

咖啡和茶

Kenneth Davids, *Coffe: A Guide to Buying, Brewing, and Enjoying.* New York, St. Martin's, 2001.

Corby Kummer, *The Joy of Coffee: The Essential Guide to Buying,* Brewing, and Enjoying. Boston, Houghton Mifflin Harcourt, 2003.

Michael Harney, *The Harney Sons Guide to Tea*. New York, The penguin Press, 2008.

Mary Lou Heiss and Robert J. Heiss, *The Tea Enthusiast's Handbook: A Guide to the World's Best Teas*. Berkeley, Ten Speed Press, 2010.

APPENDIX

附录：单位换算表

体积转换表

	毫升	茶匙	汤匙	盎司	杯	品脱	夸特	升
1茶匙	5	1	—	—	—	—	—	—
1汤匙	15	3	1	—	—	—	—	—
1盎司	30	6	2	1	—	—	—	—
1/4杯	60	12	4	2	—	—	—	—
1/2杯	120	24	8	4	—	—	—	—
2/3杯	180	36	12	6	—	—	—	—
1杯	240	48	16	8	1	—	—	—
1品脱	480	96	32	16	2	1	—	—
1夸特	960	192	64	32	4	2	1	0.96
1升	1000	200	67	33.3	4.2	2.1	1.04	1
1加仑	3840	768	256	128	16	8	4	3.8

重量转换表

	克	盎司	磅	公斤
1克	1	—	—	—
1盎司	28	1	—	—
1/4磅	114	4	—	—
1/2磅	227	8	—	—
3/4磅	340	12	—	—
1磅	454	16	1	0.45
1公斤	1000	35.2	2.2	1

重要食材的体积与重量转换表

在干食材部分，用汤匙或是杯子度量时松紧不一，因此只能给出大致的范围。体积越大，变动的范围就越大

食材	1茶匙	1汤匙	1/4杯	1/2杯	1杯
液体（单位：克）					
水	5	15	60	120	240
牛奶	5	15	60	120	240
高脂鲜奶油	5	15	58	115	230
柠檬汁	5	15	60	120	240
油	4.5	14	55	110	220
奶油	4.5	14	56	112	225
起酥油	4	12	48	95	190
玉米糖浆	7	20	84	165	330
蜂蜜	7	20	84	165	330
香荚兰萃取物	4	12	—	—	—
不甜的酒（伏特加、朗姆酒、白兰地酒）	4.5	14	56	112	225

(续表)

食材	1茶匙	1汤匙	1/4杯	1/2杯	1杯
固体（单位：克）					
粒状食盐	6.5	20	80	160	320
片状食盐	3.5~5	10~15	40~60	80~120	160~240
白砂糖	4.5	13	50	100	200
黄砂糖	4~5	12~15	48~60	96~120	195~240
粉糖	2.5	8	30	60	120
中筋面粉	2.5~3	8~9	30~35	60~70	120~140
高筋面粉	2.5~3	8~10	32~39	65~78	130~155
低筋面粉	2.5	7~8	29~32	58~65	115~130
全谷类面粉	2.5	8	30~32	62~65	125~130
玉米淀粉	2.5~3	8~9	30~35	60~70	120~140
米（标准电锅量杯为140克）	—	—	—	—	190
中等大小的豆子	—	—	—	—	190
小扁豆	—	—	—	—	200
可可	2	6	22~24	45~48	90~96
小苏打	5	15	—	—	—
发粉	5	15	—	—	—
干酵母（一包为7克）	3	9	—	—	—
明胶	3	9	—	—	—

重要厨房与烹调温度

类别	温度（℃）
冷冻库最低温度	-18
冷藏室最低温度	0
微生物生长温度	5~55
海平面的水沸点	100
冲泡绿茶的水温	70~80
冲泡红茶、乌龙茶的水温	93
冲煮咖啡的水温	93
蔬菜预煮的水温	55~60
蔬菜煮软的水温	100
延缓水果腐败的水温	52
焖软肉的隔水加热温度	55~65
焖硬肉的隔水加热温度（12~48小时）	57~65
焖硬肉的隔水加热温度（8~12小时）	70~75
焖硬肉的隔水加热温度（2~4小时）	80~85
平底锅（煎炸、炒）	175~205
炒菜锅（翻炒）	230以上
深炸油温	175~190
薯条第一次油炸	120~160
薯条第二次油炸	175~190
烤箱焖煮谷物与豆类	93~107
烤箱烘烤大块肉（煎烤）	160~175
烤箱烘烤小块肉、蔬菜	205~260
烤箱烘焙酵母面包	205~230
烤箱烘焙蛋糕	160~190
慢速熏烤的烤架温度	80~93

食物的目标温度

类别	温度（℃）
巧克力回火	32
含有各种食材的菜肴安全温度	70以上
煮熟食物保持安全的温度	55以上
软的蛋，蛋黄保持液状	64
硬的蛋，结实的蛋黄	67
鲜奶油变稠、卡士达凝固	83
湿润的鱼贝虾蟹	50~57
肉一分熟	52~55
肉三分熟	55~60
肉五分熟	60~65
肉七分熟	65~70
肉全熟	70以上
蔬菜	80~100
蜜饯	102~113
翻糖、乳脂软糖、软式焦糖	113~116
硬式焦糖	118~121
软的松软型太妃糖、水果软糖	121~130
硬的松软型太妃糖、牛轧糖	132~143
硬式糖果、酥糖、乳脂型太妃糖	149~160
焦糖、棉花糖	170以上

代换：鸡蛋、增稠剂、膨发剂、甜味剂与巧克力

原来分量	代换分量
4颗大型鸡蛋	5个中型、4个特大型、或3个巨型
1份增稠用的面粉	1/2份玉米淀粉或其他淀粉
1份发粉	1/4份苏打加上5/8份塔塔粉
1份小苏打	4份发粉（并减少酸）
1份糖	3/4蜂蜜、1 1/4甘蔗糖浆或枫糖浆或蜜糖（减少1/4液体）
100份50%的苦甜巧克力	50份不甜巧克力加50份糖，或30份可可加20份奶油加50份糖

公式：增稠、凝结、避免褪色、消毒、杀菌

让250毫升（1杯）的液体变得凝稠	12克面粉（1茶匙）或6克玉米淀粉（2茶匙）
让500毫升（2杯）的液体变得凝稠	一包7克（2 1/4茶匙）的明胶
预防蔬菜水果褪色，每500毫升（2杯）的水量	一片500毫克的维生素C
2克（1/2茶匙）的柠檬酸	—
30克（2汤匙）柠檬汁	—
消毒厨房版面	一份醋加两份水或是一升的水加入5毫升的家用漂白水；让板面自然风干
为4升（1加仑）的饮用水杀菌	加入1~2毫升（1/8~1/4茶匙）的家用漂白水，静置30分钟（若不用漂白水则煮沸一分钟，在高海拔要更久

图书在版编目（CIP）数据

厨艺之钥．下，酱料·面食·豆谷·甜点 ／（美）哈洛德·马基（Harold McGee）著 ；滕耀瑶译．-- 南京 ：江苏凤凰文艺出版社，2017.10
ISBN 978-7-5594-1129-7

Ⅰ．①厨… Ⅱ．①哈… ②滕… Ⅲ．①烹饪－方法 Ⅳ．①TS972.11

中国版本图书馆CIP数据核字(2017)第233091号

书名	厨艺之钥（下）酱料·面食·豆谷·甜点
著者	［美］哈洛德·马基
译者	滕耀瑶
责任编辑	孙金荣
特约编辑	陈　景
项目策划	凤凰空间/付　力
内文设计	正能文化/高　璇　张　婷
出版发行	江苏凤凰文艺出版社
出版社地址	南京市中央路165号，邮编：210009
出版社网址	http://www.jswenyi.com
印刷	北京博海升彩色印刷有限公司
开本	710毫米×1000毫米　1/16
印张	16.5
字数	264千字
版次	2017年10月第1版　2017年10月第1次印刷
标准书号	ISBN 978-7-5594-1129-7
定价	79.80元